U0424315

良训传家

中国文化的根基与传承

韩昇 著

生活·讀書·新知 三联书店

图书在版编目（CIP）数据

良训传家：中国文化的根基与传承／韩昇著．—北京：
生活·读书·新知三联书店，2017.6 （2018.11 重印）
ISBN 978－7－108－05999－4

Ⅰ．①良…　Ⅱ．①韩…　Ⅲ．①家庭道德－中国－通俗读物
Ⅳ．① B823.1-49

中国版本图书馆 CIP 数据核字（2017）第 117977 号

责任编辑　张　龙
装帧设计　罗　洪
内文配图　卜　颖
责任印制　徐　方
出版发行　生活·讀書·新知　三联书店
（北京市东城区美术馆东街 22 号　100010）
网　　址　www.sdxjpc.com
经　　销　新华书店
印　　刷　北京隆昌伟业印刷有限公司
版　　次　2017 年 6 月北京第 1 版
2018 年 11 月北京第 5 次印刷
开　　本　635 毫米 × 965 毫米　1/16　印张 18.25
字　　数　201 千字　图 20 幅
印　　数　60,001－70,000 册
定　　价　39.00 元
（印装查询：01064002715；邮购查询：01084010542）

目　录

内外兼修：读书与交友

序言

2008年，我应复旦大学出版社之约，撰写了《家训一百句》。接受这本书的写作，首先是基于这样的考虑。近几十年来，中国社会发生了太大的变化，维持了几千年的社会基础——家庭，在剧烈的社会变动和推行了几十年的独生子女政策下，已经面目皆非。现在的家庭基本上是由父母和独生子女构成的核心家庭。爷爷奶奶这一辈经历过疾风暴雨般的阶级斗争，他们把千年的传统破除得差不多了；父母这一辈在青少年阶段没有接受过多少传统教育，他们对于几千年传承下来的家教相当陌生。这样的两代人一起抚育新生的独生子女时，不知道如何去教育孩子。这些独生子女寄托了父母以上好几代人的希望，要他们长大后圆祖辈的梦想，家长唯恐他们身体不够强壮，恨不得把最好的营养补品都塞进孩子的嘴里，对于他们的各种要求都尽量满足，简直到了予取予求、百依百顺的程度。这养成了孩子唯我独尊的缺点，他们以为这个世界都得听自己的，独占欲望强烈，看不起别人，没有礼貌。

有一次，在一列地铁上，一位年轻的妈妈带着一个小男孩上车，一位老人起身给孩子让座，男孩毫不客气地坐上去，妈妈要孩子向老人道谢，小孩装着没听见。到了下一站，一位怀抱婴儿的妇女上车，妈妈要孩子给这位妇女让座，孩子硬是不肯，妈妈把他从座位上拉下来，他便号啕大哭，妈妈一脸无奈，茫然地看着孩子。这一幕让人长叹，从小就培育孩子的爱心和礼貌是多么的重要。生活上受到过度溺爱，行为上不懂规矩，性格上自私自利，精神上骄傲脆弱，这样的孩子有再多的知识也无法承担人生的重任。有学者认为我们正在制造“精致的利己主义者”。那么，在当代社会，我们应该如何去教育下一代呢？

不知道从什么时候开始，我们片面地强调知识，“知识改变命运”“学好数理化走遍天下都不怕”等，全社会对于知识灌输几乎到了病态。孩子小学入学，不认得几百个汉字，不会讲一口英语，不会运算加减乘除，就会被好学校拒之门外。人们发现入学是越初级越难，大学不如高中，高中不如初中，初中不如小学，而进什么小学几乎决定了后面的人生。这已经成为社会现实，称得上正常吗？我们的家长欢迎这种情况吗？显然不是，但他们也无可奈何，不知道社会怎么会变成这个样子。

小学入学的激烈竞争，导致我认识的好多家庭让孩子从两岁就开始学习。有的学汉字，数以百计；有的学英语，开口便讲；有的学算术，运算飞快，乃至上学天文下学地理，不一而足。大家熟知中国古代伟大的教育家孔子，说到人生“三十而立，四十而不惑，五十而知天命，六十而耳顺，七十而从心所欲不踰矩”（《论语·为政》）。这几句话，几乎人人耳熟能详。但是，大多数人有意无意地把这段话的第一句给漏掉了，那就是“吾十有五而志于学”。为什么呢？因为我们不明白怎么十五岁才开始学习，该不会是孔子讲错了吧。汉代历史学家司马迁所作的《史记》，被称为“史家之绝唱，无韵之《离骚》”，成就之大，少有人能够与之比肩，可他自称是“年十岁则诵古文”（《史记·太史公自序》），也是十多岁才读书学习的。看来十多岁才正式读书是古人的通例。放眼世界，当今文明发达的国家，好多都立法规定不得对学龄前儿童进行知识灌输。从长大成才的比例来看，这些国家占据了世界人才的高端，而他们并不急于让儿童学习知识。在教育上，我们首先要适应人成长的自然规律，不能任意做人为设定。今天的我们心太急了，总想一举成功，相互攀比，口中念着“不能输在起跑线上”。其实，我们并没有输在起跑线上，反而是经常抢跑，可是，在成才的终点上，我们赢了吗？

这是根本性的问题，我们需要反省，还需要静下心来理解古代教育的精髓。学龄前儿童教育的根本是什么？有一则感动中国近千年的故事，讲的是宋代文人政治家司马光，童年时和小朋友一起玩耍，不巧有一位小朋友掉进装满水的大缸，在危急关头，其他小朋友都不知所措，只有司马光非常冷静，他捡起地上的大石头用力砸破大缸，救出落水的小朋友。这个故事反映出司马光沉着机智和爱护别人的品质。长大以后，司马光编著了不朽的历史著作《资治通鉴》，还担任过北宋的宰相，他能取得这般成就与他童年受到的教育密切相关。孩提时对小朋友的关爱，长大后变成对于民生的高度关切，使他能够做到不顾个人政治得失，为民请命；沉着冷静的性格使他能够客观地理解和分析历史，明察事物发生演变的来龙去脉，知晓历史发展的趋势。以上几位历史人物成长的过程，可以让我们明了学龄前是人成长中非常关键的时期。这个时期，通过对各种事物的认知，孩子在扩展对于世界的认识，同时也在树立价值观，人文与自然知识互动，培养理解与领悟的能力。就像农民种田，播撒下什么种子，日后便会结出什么样的果实。如果我们急于灌输知识，人文素养的不足往往会制约孩子悟性的发展，而孩子幼年时的品质，又将在很大程度上影响其成长的方向。难怪中外成功的人才培养，都非常重视幼年时期的品质教育，而此时最有效果的便是家教。

家教不但是孩提时需要，而且伴随一生，时时刻刻影响着我们的行为举止。常常听人说到“性格决定命运”，而性格不就是从小培养起来的吗？小时候没有受到品行教育的人，不懂得规矩与分寸，不知“止”便胆大妄为，随便侵犯他人的利益，任性而自私。见到这样的人，人们会说“没有家教”。显而易见，家教是教人基本的行为规范。这些规范，首先是与人相处时的行为准则。人们都在追求自由，但一定要知道自由并非没有限度，每个人的自由是以不侵犯他人的自由为边界的。因此，损人利己是不可以的。有些人认为自己不伤害别人，尽管侵占公共利益，谁也管不着。他们在公共场所大声说话，载歌载舞，把自家的垃圾扫到门外马路上……凡此种种都会被视为粗俗无礼。其次，这些规范是自我保护的经验提炼。比如，古人告诫我们“不立危墙”，也就是不要站在危险的地方。这个道理似乎谁都明白，但是在日常生活中却到处看到立于危墙的行为，例如行人不走人行道而走车行道，助动车与汽车抢道，行人站在路中间说话等，全然没有意识到危险，结果意外伤害事故一直居高不下。

主导行为规矩的是为人处世的理念。古代农业社会的基本生产方式，不同于流动性很大的游牧或者经商民族，春耕秋收，一粒种子播撒下去就要守候到秋天收割，人们只能定居下来，相互依存，共同生产。大家抬头不见低头见，必须相互关爱和协作，在日常生活中产生的各种利益冲突和矛盾纠纷，应该本着相互礼让的原则协调处理。特别是中国古代的居住形式，在一个大院落里聚居着同宗同姓的几代人，更需要相互帮助，尊老爱幼，由此形成了一整套中国的人伦礼仪规则，目的在于形成充满仁爱的和谐社会，“乡田同井，出入相友，守望相助，疾病相扶持”（《孟子·滕文公上》），让每一位生活在其中的人都舒心坦然，其乐融融。儒家特别强调“仁”与“礼”，它们深深扎根于中国农业社会的形态，被广大中国人所认同，共同遵守，成为悠久的文化传统，而家训则是从这些优良传统中提炼而成。

传统的力量在于造就一代又一代的新人。仁爱礼让的美德首先在家教里具体地展现出来。每一代人都想把成功的经验传授给子孙，希望青出于蓝而胜于蓝，比自己更强，生活更美满，祈求家族荣耀富庶，长存于世。于是长辈自然会基于个人的阅历，尽心收集祖上世代积累下来的真知和感悟，总结古往今来兴衰成败的经验教训，千锤百炼，提取为家训格言，传授给子孙，要求他们代代身体力行，严格遵守，不走弯路，早早踏上人生坦途。由此可知，家训不是用来对外吹嘘和自我标榜的东西，它们属于传家秘籍，只在家族内部传承，付诸实践。我们无法想象祖辈会用虚伪的东西教育子孙，因此，家训高度真实地反映了千百年来中国人内心深处的价值观和人才观。

因为家训是经验之谈，所以，与一般说教的书籍不同，它读起来亲切而踏实，融合了社会的行为准则和家族的处世经验，很少有大话虚饰，其中不少是秘不示人的独家心得，语言朴实，寓意深刻，寄望殷殷。

其次，家训具有实用性。许多美好的道德、崇高的理想，如果不能贯彻，便只是空中楼阁，停留于观念之中，甚至是伪善。家训用于切实地调教子孙，就必须把美好的道德化为日常生活中可以做到并且必须遵循的行为规范，从小做起，毫不含糊，最终成为生活习惯，无须刻意却能自然而然地遵守。良好的道德一旦变成生活习惯，便达到孔子所说的“从心所欲不踰矩”的境界。正是因为如此，家训特别重视日常的行为规范，点点滴滴。诸如一家人吃饭，大人没到，甚至家人没到齐，先到的人就不能先吃；长辈没有动筷子，孩子就不敢夹菜。这些规矩的背后要给孩子树立的第一个观念是长幼有序、尊重长辈。中国古代讲“孝”，它最朴实的含义是善待父母，在家有孝，在外才会敬业。第二是培养协作精神，要懂得关心别人。一家人借着吃饭的机会相聚相亲，多么美好。如果先到先吃，后到的只有残羹剩饭，会是什么感觉呢？第三是学习分享与自律。远古时代，物质生活没有今天丰富，吃饭是分享成果的时候。动物吃东西的时候最为紧张，要是靠近它，立马翻脸咬你。在利益面前，人的动物性也会不自觉地流露出来。现在虽然物质丰富了，但是某些习性还会保留下来，例如有人在饭桌上尽拣好菜吃，拿着筷子在菜盘里面挑挑拣拣，全然不顾他人。一些很有绅士派头的人，到了利益关头就把真相暴露无遗。难怪有一位企业家跟我说，他绝不聘用在饭桌上“挑肥拣瘦”的人，因为这种人自私自利，没有团队精神。一次看似简单的聚餐，里面包含这么多的道理，人的品行修养往往在不经意间流露出来。所以，“做人”真正需要从娃娃抓起。

复次，家训还具备有效性。我们的家训经过了千百年实践的检验，造就了一代又一代中国人，在古代世界文明中从来引领潮流，不曾落伍。像古代的弘农杨氏，自从东汉出现了号称“关西孔子”的杨震以来，严谨持家，诗书耕读，代代出人物，绵延数百年，为世人敬重。近代如曾国藩、梁启超等家族，是我们能够亲眼见到的实例。曾家自曾国藩兄弟以下，190多年间，涌现了240多位有名望的人才，没有出现过纨绔子弟或者败家子。梁启超是近代承前启后开风气的大学者，九位儿女中，有三位院士，另外几位也是著名的学者、专家，成为众人交口称赞的家庭。从古到今的历史证明，我们的家训家教是非常有效的。

所以，家训是从人生经验总结出来的智慧，它把伦理道德化成日常的行为规矩和礼仪，培育文明而高雅之人，千百年来成效显著，潜移默化中规范着我们的思维和行为习惯，乃至构成了中华民族的血脉、价值与族群认同的凝聚力。在人类古文明中，中华民族能够经受住几千年的风霜雨雪，一脉相传绵延至今，实不多见。最重要的原因在于我们形成了自己的文化传统，生成为这个民族的根，深入而坚韧，虽几经劫难，仍不绝如缕。再看世界历史，多少曾经称霸一时的民族或国家都早已烟消云散，不见踪影，究其原因同样在于文化。没有强大文化的民族，无论军事力、经济力如何强大，最终都会衰败。所有传承至今的民族，都是依凭文化的智慧而生生不息的。生存竞争归根结底是文化的竞争，依靠的是智慧的导航。

中华文明延续到今日，并非一帆风顺，其间经历过许多次的改朝换代，甚至发生过统治民族更替的情况。朝廷崩溃了，但中国文化却一直传承下来，堪称奇迹。其原因就是家庭这个社会基层细胞一直坚韧地维续着。在家族内部，人们恪守中国的文化传统，通过家训家教，顽强地坚守住自己的根本，并且一代代传承下去，不管外面的风云如何变幻，我们胸中跳动的依然是一颗中国心。只要家没有被摧毁，我们的文化就将薪火相传，而家训家教则扮演着中华文化传承者的角色。和平年代讲“仁义礼智信”，外敌入侵时讲“精忠报国”，为人一生，坦坦荡荡，“仰不愧于天，俯不怍于人”(《孟子·尽心上》)，清风明月，屹立苍穹。

家训于私于公都如此重要，所以，古人非常重视家训的编撰。我曾经在乡村进行家族的调查，各地不少的宗族祠堂还保存着古家谱，至于像上海图书馆这样的大型收藏机构，更是收藏了数十万种的家谱。这些古家谱往往开卷便有立家的格言，作为一个家族的宗旨，自立一格；后面则记载治家原则，从家庭的基本礼仪规矩，到诸如立志、砥砺、知书、达礼、勤俭、谦和、兴善、除恶等方方面面，大大小小，无不尽心点拨，要求子孙代代遵守，照此规矩做人，这就是今日统称的“家训”。家训短的寥寥数语，长的卷帙浩繁，但在基本的道理方面大同小异，都讲究忠孝仁义、行善积德。至于具体的为人处世、家庭教育等问题，则各有不同，充满人生经验的智慧。除了这些正式的家谱家训之外，古人的家书、信札、童蒙教材，以及诗文、史籍等，虽然不是专门的家训著作，但其中也包含许多教人处世的劝诫，生动而富有启发性。出于对家教的重视，古人留下了数量庞大的家训类论著，不是专门的研究学者，几乎难以通读。

把这些家训故事收集整理，抽取对于当代仍有启示、必须发扬的部分，编写成书，有助于提高社会道德和人生修养，汲取培育少年儿童的经验，是非常有益的事情，社会上对此的需要也很迫切。我解读的《家训一百句》自出版以来，多次重印，全国各地许多朋友希望我能够在此基础之上，进一步发掘，讲更多古代家教的故事，启发心智，并且联系社会现实，以对新时代家教家训的形成有所帮助。受到广大读者的鼓励与鞭策，我从中国古代历史中选取了众多生动的故事，揭示家训背后的道理，编写了这部新书。

古代家训的内容十分丰富，一本小书不可能面面俱到，我更多地选取了当今教育中容易被忽视的盲点，以及在快节奏的功利社会需要特别加强的地方，这些都属于做人和家教最基本的方面，并尽量展开来深入讲解，结合一个个真实的历史人物与事件，希望把其中的要义真谛说透彻。

阅读家训需要注意两方面的问题。第一是不能用功利之心读家训，以为既然是家族内部秘而不宣的训示，一定有什么高明的绝招，特别是那些历经磨难后成功的大人物，肯定有终南捷径和驭人之术传给子孙。那些渴望快速成功的人，恐怕要大大失望了。说一位大家都知道的人物——创建汉朝的刘邦，他鄙视文化，善于驭人，临终留给儿子的遗书，最应该是政治权谋的锦囊妙计吧。然而，这封遗书非常简练，就是告诫儿子好好读书，本分做人。

这封遗书应该让许多耽迷于功利的人有所清醒。从古至今，不管世道如何变幻，谁曾见到伤天害理而被千夫所指的家族长存于世呢？有些家族虽然发家史见不得人，但是能够早早醒悟，回心向善，严格要求后代安分守己，多做善事，才得以传承下来，故家训并无奸巧之处。本分做人是为人处世乃至家族绵延不绝的正道，别无他途。因此，用功利的猎奇之心去读家训，如果是大失所望，弃之如敝屣，便说明此人已无药可治；如果明白过来，老老实实做人做事，见贤思齐，即可大有收获。

第二是不要拘泥于形式。古人主张日出而作，日落而息，早起早睡。因此，家训中不乏要子弟天亮即起的规矩，晚起会被长辈训斥为懒惰。而在当今社会，许多人工作到深夜，早上迟起成为常态。要把古代家训严格套用在今日，恐怕有不少年轻人难以接受。这样的事例很多。古今生活习俗变化甚大，不能样样以古律今。其实，早起反映的是一种积极向上的生活态度，让人感到朝气蓬勃，这才是其真髓。所以，我们应该掌握家训背后的精神实质，而无须墨守成规。

家训既然是智慧的结晶，就不应该是居高临下的训斥，冰冷严厉的强制，让人望而生畏。造成这种错觉，是因为我们不知从何时开始误读了“训”这个字。在现代汉语中，“训”字往往具有强制性，诸如训斥、训话、训令、训诫、教训等。这么严厉的“训”字，为什么是由“言”字旁和“川”组成的呢？“言”是劝说，是讲故事，引导人们走向大道，与“川”结合，指的就是宽广的河水可以自由自在地奔流。显然，在古代，“训”并不令人畏惧，而是给人讲故事，导向美好，言者谆谆，让听者从善如流，备感温暖。《论语·子罕》说："夫子循循然善诱人，博我以文，约我以礼，欲罢不能。"家训也是如此，它通过讲透事理，循循善诱，令人由衷向往，通过学习，身体力行。见识广了，人也会越发谦和有礼，与人为善，以往不顺的事情、矛盾的人事关系也都会变得和谐顺畅。什么道理呢？你想改变世界，首先要改变自己。美好的生活，从这里开始。那么，让我们一起来学习中国古代家训的智慧吧。

古代家族何以传承

自西周以来，中国社会确立起自己的生产与文化特点：从生产形态来说，是农业文明；农业造成定居的生活方式，形成了以家族为基础的社会形态，家族成为中华民族的根。这同地中海起源的西方文明颇不相同。

定居的生活形态，人们朝夕相处，如何凝聚成一体，就需要确立秩序，讲究相互关爱与谦让。中国文化便是从这里出发，形成了一整套的人伦礼仪。这些文化传统对于家族的存续有着至关重要的影响。从历史上看，创业一代的家族其后能够长期延续的少之又少。让我们从几个家族的兴衰荣枯来探讨其中的道理。

世运之明晦、人才之盛衰，其表在政，其里在学。

——［清］张之洞《劝学篇·序》

世界古代文明最主要源于两种生产方式：农耕与游牧，二者迥然各异，形成的文化习俗也大不相同。在中国这个古老的农耕文明的国度，几千年来让我们魂牵梦绕的是家，无论何时何地，无论成功失败，我们都依偎着家，时时都想着家，死了也要千里归葬，叶落归根。所以，家及其文化，对于中国人有着极为重要的意义。家是我们的根，家是我们的精神故乡，家把我们的民族，把我们每一个人紧紧地凝聚起来，这个特点在其他国家是不容易见到的。

我们来看看西方文明，它的起源和中国不同。西方文明的起源地主要在地中海地区，那里土地比较贫瘠，物产也不丰富。当地人带着微薄的物产走向四面八方去销售，自古有比较发达的行商传统。他们乘船出海，有的捕鱼，有的做生意，整个地区人的流动性很大。因为流动性大，人与人见面的时候就必须把很多事情当时讲清楚，要把利益关系切割得泾渭分明。他们不会等到明天、后天才来谈，因为眼下一别就不知道什么时候能再相会。

中国则不同，是一个农业民族国家，人们在春天播撒了种子，就守着这块土地，守着这份庄稼，浇水灌溉，除虫拔草，一直等到秋天来临，才能收获果实。整整一年，人们相聚在一起，真是抬头不见低头见。天天聚在一起的人群，第一，不需要把所有的事情赶在当天划分清楚；第二，很多事情也没有办法划分清楚。因此，农业民族形成了处理事情的方式，大家要讲互让互爱，由此构成中国的礼制的起源。礼的起源和古代不同民族、不同国情所产生的不同文化紧密联系在一起。

从农业民族定居的角度，再来看中国人居住的房子。从西周以来，中国文明是从西北的黄土高原的关陇地区，逐渐往东扩展。在黄土高原上，冬天来自西北的凛冽北风，让人们居住的时候把墙筑高，抵挡寒风，这就形成了该地区的一种建筑样式：四面八方围得紧紧的房子，像一座围屋，对外基本不开窗，也尽量不开门；对内则开窗开门，在这个内部的圈子里形成自己的聚居形态。这造成了中国文化另一个特点，对外封闭，对内开放。

这种建筑样式后来发展为四合院。四合院两侧的厢房一间住着一家人，比较拥挤。天一亮，孩子就想冲到外面，外面则是天井，好几家的人同一个姓，有着相同的血脉。这么多的亲人聚在一起，既有亲情，也有利益冲突。当利益冲突的时候，怎么办呢？那就要协调，就要讲仁，讲互爱。这就形成了家庭内部的协调机制，把这个协调机制慢慢地抽象出来，就成为维持宗族的基本规矩，而后逐渐形成家训。所以，家训的很多内容是教孩子为人处世的规矩，学习与人相处的智慧。

孩子，小时候是不懂得什么规矩的。如果到幼儿园的低年级去观察他们，我们会觉得他们非常可爱，见到喜欢的东西上去就抢，被抢的孩子不让，回来争夺，两个人打了起来，被抢的孩子哭了，抢到东西的笑了，这就是小孩子情感的自然流露和处世规则。对于这样的小孩子，大人需要去引导他们，要跟小孩子讲，你喜欢的东西，要问对方的意见，不能动手就抢，两个人要好好商量。玩具的数量不够时，他先玩，你后玩，大家互让。小孩子慢慢就懂得规矩了，懂得互相尊重，互相礼让。等到懂规矩以后，有礼貌的小孩子就会得到大家的喜爱。一个小孩子长大之后，如果还不懂得谦让，那是谁的过错呢？古代家训讲，“子不教，父之过”。孩子是父母的影子，我们从孩子的身上可以看到父母的教养，以及懂不懂得教育子女。

家训的智慧是从以往众多的经验教训中逐渐积淀而形成的。规矩要教，每个孩子需要有一个后天的培育。这不仅只是读书，实际上，孩子的第一任老师是父母，从他睁开眼睛开始，他就在观察父母的言行举止，就在模仿，父母的行为会直接影响孩子，做父母的一定要懂得怎样去引导孩子。

孔子教子：学习做人

陈亢问于伯鱼曰："子亦有异闻乎？"对曰："未也。尝独立，鲤趋而过庭。曰：'学诗乎？'对曰：'未也。'曰：'不学诗，无以言。'鲤退而学诗。他日又独立，鲤趋而过庭。曰：'学礼乎？'对曰：'未也。''不学礼，无以立。'鲤退而学礼。闻斯二者。"陈亢退而喜曰："问一得三，闻诗，闻礼，又闻君子之远其子也。"

——《论语·季氏》

陈亢问孔鲤："您在老师那里听到什么特别的教诲吗？"孔鲤说："没有。有一次父亲独自站在堂上，我快步从庭前走过，他问道：'学《诗》了吗？'我回答说：'没有。'他说：'不学《诗》，就不懂得怎么恰当地说话。'我回去就学《诗》。他日，父亲又独自站在堂上，我快步从庭前走过，他问道：'学《礼》了吗？'我回答说：'没有。'他说：'不学《礼》，就不懂得怎样立身。'我回去就学《礼》。只有这两件事情。"陈亢回去后高兴地说："我问一件事，却了解了三件事：知道了学《诗》和《礼》的意义；还知道了君子不偏爱自己儿子的道理。"

中国古代有一位伟大的教育家叫作孔子，我们来看看孔子是怎样教育孩子的。

孔子有三千弟子，这些学生都很努力，勤奋学习。有一位叫陈亢的学生，他想老师会不会特别喜欢哪位同学，多教他一些知识呢？最可能被多教的首先是孔子的儿子吧？于是陈亢就跑去问孔子的儿子伯鱼，说老师跟你讲了些什么特别的东西吗？伯鱼说，没有啊。他想想说，有一天，孔子立在堂上，我匆匆地从庭前经过，他叫住我问道，你学过《诗》了吗？我回答说没学过。他说没学《诗》，你怎么会讲话呢？我听了以后赶快回去学《诗》。又有一次，孔子立在堂上，我从庭前经过，他又叫住我问道，你学过《礼》了吗？我回答说没有。孔子说没学过《礼》，你怎么立身处世呢？我听后便回去学习《礼》。

伯鱼讲了这段经历，陈亢很高兴，他懂得了三点：

第一点，教育首先是教我们如何做人，而不仅仅是灌输一些知识。孔子要学生学习《诗》，诗由心生，让大家体会到人最真诚的感情。诗用优美的文字写出来，我们的文辞才不会粗鄙，不会一出口就粗言恶语。我们要学习《礼》，人与人在一起，要互相礼让。不懂得礼，什么都争都抢，怎么为人处世呢？所以学习并不是要背诵多少诗篇，能写优美文辞，而是教我们怎么做人。孔子教育儿子，就是从做人学起。家训就是教孩子从小学习如何做人。

第二点，陈亢这个人很聪明，他通过孔子教子这件事情，马上明白了学习不是停留在眼睛看、耳朵听，不是停留在背诵，还要自己去贯彻，身体力行。只有去贯彻实行，知识才会真正变成自己的东西。

更深的一点，也就是第三点，很多人可能没有看清楚，那就是教

◎孔子教子

育一定要公正、公平。孔子教育为什么成功呢？他无私无偏，对所有的学生一视同仁。所以，他没有多教自己的儿子，反而跟儿子拉开一点距离，与其他同学没有差异。

陈亢问了一件事，得到三重启发。我们可以看出孔子是一位很好的老师，而这个故事告诉我们家庭教育重点要落在培养孩子学会做人上。如果家教不对头，培养出的孩子是完全不同的。孔子的儿子应该说很幸运，有一位深通教育真髓的父亲，善于诱导他茁壮地成长。

中国几千年的农业社会，许许多多的农民并没有文化，是不是因此就培养不出好的孩子呢？显然不是。我们看到，这些不识字的农民培养出一代又一代非常杰出的孩子。为什么呢？看看他们怎么教诲孩子便能明白。中国农民教育孩子，虽然讲不出一套套大道理，但是，他们最常说的一句话就是："孩子，咱要厚道，要老实。"这就是中国农村最常见的家教，在这种家教下很多人健康成长起来了。

平民家族的兴起：由武入文

吾遭乱世，当秦禁学，自喜，谓读书无益。洎践祚以来，时方省书，乃使人知作者之意，追思昔所行，多不是。

——［汉］刘邦遗嘱，收于《全汉文》

我遭遇乱世，当时秦朝禁学，我窃窃自喜，以为读书无用。自从我登基以后，才不时翻阅图书，这才明白作者著书的寓意，回想以前的所作所为，犯的错误太多了。

中国古代有个人物叫作刘邦，大名鼎鼎，是西汉王朝的创建者。可是，在历史上很多人骂刘邦，说他是一个乡村的无名之辈，这算是客气的；有些人直接骂他是个乡村流氓。刘邦从小不喜欢种田，也不去读书，学习文化跟他是一点边都沾不上。他不但不读书，而且还痛恨读书。他游手好闲，好吃懒做，有人说他的特长一是爱酒，二是好色。他并不认为鄙视文化、鄙视文人是自己的缺点。

秦朝末年发生了陈胜、吴广大起义，全国各个阶层的人揭竿而起，要用武力推翻秦朝，刘邦随着这一股潮流也起兵造反。在他看来，要武装推翻秦朝，完全依靠实力，根本不靠讲道理，文人还有什么用呢？因此，刘邦更加看不起文人。

这种情况在当时相当普遍，起兵造反的各路豪杰，无论是陈胜、吴广，还是后来和刘邦争夺天下的项羽，几乎都有这个特点——反文化。当时的社会弥漫着一种反文化的气氛。为什么会这样？是因为秦始皇首开了焚书坑儒的恶端。

秦始皇在中国首先建立起一个专制独裁的大帝国，对他这个独裁者来说，最希望的是愚民。老百姓只掌握一些实用的、工具性的知识，会种田、会办事就好了，那些人文的、思想的东西都不要。后来，他干脆把有关种树、农耕以外的书统统都给烧了，把很多有文化的士人杀了，杀了400多个。要知道当时文化的成本是非常高的，全国并没多少文人，一口气杀掉400多个，几乎就把社会上的文化精英铲除殆尽了。这就是所谓的焚书坑儒。

更严重的是，这一事件造成社会上出现了鄙视文化、贱视文人的思潮。以秦始皇的焚书坑儒作为分水岭，在此之前中国历史上的记载中很难找到有多少迫害和践踏文化的事例。可是，从秦始皇焚书坑儒以后，这样的事情在很多朝代反复出现。刘邦身上反文化的性格是在当时这种社会风潮下产生的。

然而，我们再来看揭竿而起推翻秦朝的这一批人，他们最后的结局又是怎样的呢？他们的结局让人感到意外，这些彻底反文化的人，其本人乃至他的家族，几乎都不成功，有些人甚至下场相当悲惨。只有自己明白事理，转变过来，懂得尊重文化的人，才存续下来，做出一番事业。在这其中，刘邦是一个很典型的例子。

刘邦的转变成功了，使得天下许多人攀龙附凤都冒“刘”姓，哪怕是来自塞外的民族，例如匈奴等，他们进入中国之后，大多也冒“刘”姓，使得“刘”成为今天中国人口最多的五大姓之一，甚至几度位居第一。中国人口最多的姓中，“刘”和“李”稳居前列，他们都是皇家姓，一个是汉高祖刘邦家族，一个是唐太宗李世民家族，这两个姓里面，冒姓的人数最多，有的来自汉族，有的来自边疆民族，可见这两个王朝深入人心，享有很高的社会声誉，一直成为冒姓者的首选。

有人说刘邦有天子命，行大运。其实，天命只是一种传说，自我的超越才是真正的原因。

那么，我们来看看刘邦的成长经历。

秦朝的暴政搞得天怒人怨，各个阶层纷纷起来反抗，风起云涌。刘邦看到这个形势，也拉起一支队伍，很快融入江南项梁领导的反秦武装中。他结识了一个战友，便是赫赫有名的项羽。他们两人肩并肩打了很多胜仗，开拓出江南的根据地。这两个兄弟身上有一个共同点：都讨厌文人，都反文化。他们凭着手上的实力打了不少胜仗，更加坚定了文化无用的想法。

后来，项梁失败了，江南义军领袖楚怀王决定分兵两路，推翻秦朝。义军主力部队由项羽率领，挺进河北，同秦军主力作战，救援赵国。刘邦则带着一支侧翼部队从河南迂回到关中，目的在于牵制并分散秦军主力。刘邦和项羽这两个战友就此分手。

刘邦得到一些人的帮助，比较顺利地挺进关中，夺取政权，推翻了秦朝。按照分兵时的约定，先入关者为王，刘邦就应该称帝。但问题是项羽在河北九战九捷，大破秦军主力，打出一支人数众多、战斗力极强的队伍。项羽怎么肯让侧翼部队的刘邦称帝，自己俯首称臣呢？于是，他率部挺进关中，要和刘邦决战。在悬殊的实力面前，刘邦不得不低下头来。他根本没有错，可是形势比人强，他只能向项羽认错赔罪，这就发生了历史上著名的“鸿门宴”一幕。

鸿门宴以后，项羽把刘邦打发到汉中。汉中四面崇山峻岭，项羽准备让刘邦插翅难飞，终老于此，断了争夺天下的念想。就在这最困难的时候，刘邦反而凝聚起一批人：张良、韩信、陈平等，这些出类拔萃的人才奔向了刘邦。像韩信、陈平等人，原来是项羽的部将，为什么在刘邦落魄的时候会去跟随刘邦呢？问题主要出在项羽身上。

项羽力能拔山，豪气盖世，自以为打仗靠武力，跟刘邦一样鄙视文化与士人，所以他手下的将领个个跟他一样，都骁勇善战，没什么见识。项羽根本瞧不起韩信、陈平这些儒生之流。这些人在项羽手下肯定得不到提拔重用，他们便转向了刘邦。

刘邦虽然也反文化，但他有一个优点：胸怀宽大，能够容人。因此，他手下各式各样的人全有，有文的、有武的、有儒生、有战将，三教九流，无不具备，这才能够把韩信、陈平等人吸引到自己的麾下。靠着这批人，刘邦最后灭了项羽，而十面埋伏的总指挥就是韩信。

韩信也是一个贫寒子弟，出自乡下，人长得瘦弱，家里很穷，吃不上饭，就喜欢读书。在当时反文化的社会风潮下，一个乡村的穷孩子酷爱读书，我们也许会夸奖他难能可贵，但在那个时候，在乡人看来，韩信简直就是个败家子，穷光蛋还读什么书，连乡村的流氓都要欺负他。他读书不惹人，可流氓见到他，拦在街头，挑衅道："你有本事现在拔剑杀了我，没有本事便从我的胯下爬过去。"韩信打不过人家，只好从胯下爬过去，受了奇耻大辱。但是，这番奇耻大辱更激励他刻苦学习，把书读好。后来，韩信成了中国古代最具天才的统帅，帮助刘邦扭转颓势，以弱胜强，带出一支千锤百炼的队伍，最后在江苏徐州到安徽和县绵延千里的战线上，彻底围歼项羽。韩信的胜利告诉我们一条非常重要的道理，那就是文化战胜了野蛮。所以，文化非常重要。

收揽的人才多了，队伍壮大后，刘邦对于文化的态度逐渐发生了一些变化。最初，刘邦从河南向关中迂回挺进的时候，一直想绕过强敌驻守的城池，好迅速挺进关中。河南地处冲要，有很多秦军布防，绕不过去，刘邦发愁了。

就在这时候，有个人来到了刘邦的帐前求见。外面的卫兵进来通报，说门前有一个穿着宽大衣服、戴着高帽子的人，像个儒生，他想求见。刘邦一听就生气，吩咐道："跟他讲，我忙得很，没空见儒生。"卫兵出去说了，那人知道刘邦因为他这身儒生打扮而不想见，便对卫兵说："你再进去重新给我通报，告诉刘邦我不是儒生，我是高阳酒徒。"这位自称高阳酒徒的人，就是谋士郦食其。

卫兵再进去通报，刘邦听说是高阳酒徒，很高兴，马上召见。于是郦食其走了进来，到帐内一看，刘邦在忙什么呢？两个美女把他搂在怀里，替他洗脚。而刘邦回头看见进来的是书生，怒火中烧。他跳起来直接奔到郦食其跟前，摘下他的帽子在里面撒尿。

郦食其任凭刘邦撒野，他冷静地对刘邦说："您如果不想得天下，就尽管撒野；如果您想得天下，对长者、对文人就得客气点，以礼相待。"刘邦听了内心暗惊。郦食其问他是不是遇到困难，是不是遇到强敌了？他一道一道地分析，把刘邦彻底说服了。这是刘邦起兵以来听到的第一堂文化课，让他知道打仗并不靠蛮力，更重要的是会动脑子，原来文化还是很重要的。

刘邦懂得了文化的重要，慢慢也就懂得收揽人才了。他收揽了一批有文化的人，一批智勇双全的将军。在正面战场上，他和项羽相持多年，项羽攻不破汉军的防御，非常着急。有一次，项羽挺身到阵前，向刘邦喊话："天下分裂这么多年，就因为我们两个人争天下，让老百姓受苦了。今天干脆这样吧，你出来，我们两个人单挑，再也不要连累老百姓了。"刘邦笑着对项羽说："我和你斗智，不和你斗勇。"刘邦已经懂得要斗智，就是要斗文化了。刘邦在这么一批智勇双全的文臣武将辅佐下，最后打败项羽，夺取了天下。

建立汉朝以后，刘邦遇到了不少危机，那些跟他打天下的诸侯一再发动叛变，他得亲自去平定。镇压了这些叛乱的诸侯，刘邦心里清楚，跟他打天下的文臣武将，没有一个不是英雄豪杰，都很厉害。刘邦在世，他能够镇得住这些人，可是他要是不在了，那怎么办呢？刘邦忧心忡忡。

问题出在哪里？刘邦的继承人，后来的汉惠帝，是一个厚道人，能不能镇住这批开国元勋呢？刘邦还有更深一层的担心，那就是自己的夫人吕后。吕后跟刘邦一起打天下，朝廷中的将领也可以说是吕后的部下。吕后跟着刘邦吃苦耐劳，经历了惊涛骇浪、艰难困苦。吕后是女中英豪，个性强悍，后面还有吕家一大批人，对权力暗地里觊觎着，想要飞黄腾达。所以，刘邦外有一批大臣，内有个吕后，他儿子能否顺利掌权？这就是他晚年最大的心病。

岁月不容刘邦踌躇，他旧伤发作，回天乏术，不得不交班了。作为最后的交代，他给儿子留下一封遗书。刘邦这么有本事，一定有高明的驭人之术。现在快死了，他一定会把这些本领传授给儿子，让权力平稳过渡，江山稳固。可当刘邦去世后，遗书被打开来，真的让人大出意外。刘邦在遗书中对太子嘱咐道："吾遭乱世，当秦禁学，自喜，谓读书无益。洎践祚以来，时方省书，乃使人知作者之意，追思昔所行，多不是。"刘邦讲自己年轻的时候正好遇到秦朝乱世，焚书坑儒，号召反文化，他很高兴，觉得读书没有用。可是，自从当皇帝以后，听人家讲书，自己不时也学习读书，才慢慢领悟到作者的意图，对照自己，才知道以前的所作所为有太多是不对的。

刘邦真的令人刮目相看。这个人的自信力很强，做父亲，他敢在儿子面前解剖自己，把自己的不对讲给儿子听。反省是需要勇气的，对儿子、部下、臣民做自我检讨，更需要勇气。给惠帝讲这些话，是要惠帝学习做人，治理好国家。那么，他要惠帝学习什么呢？他给儿子留下的最宝贵的锦囊妙计是好好读书。这就是一个以反文化著称、被人骂为流氓的人，用自己一生的经历最后获得的大彻大悟：要读书！

刘邦要他的子孙后代好好读书，不要恃力用强。读书让刘邦的家族完全改变了，重视文化，后继有人。

中国历史上，建立起统一帝国的皇家其实也就十来支。其中，西汉刘家的子弟应该说培养得很好。西汉皇帝能人辈出，文帝、景帝时期号称“文景之治”；武帝给中国建立起文化道统，进入盛世；宣帝中兴，将近两个世纪，稳定繁荣。这说明刘家后来形成了自己的一套家训家规，用读书学习提升子孙后代的素养，转变家风，使得这个家族长期延续下来，得到社会尊重，许多人伪冒刘邦后裔，遂成为中国人数最多的姓氏。

要读书的遗训，使得汉朝发生了巨大的蜕变，从迷信武力、靠军事打天下走向文治。刘邦以后的惠帝、文帝、景帝到武帝，完全走向了文化治国。汉武帝时期更是通过建立新儒家的文化大手笔，给中国建立起主流意识形态。有核心文化和共同的伦理价值观，境内各个民族紧紧凝聚在一起，融合成为“汉族”。

对一个国家来说，除非那些疯狂的专制主义者会焚书坑儒，实行愚民政策，每一个强盛的王朝都一定会大力弘扬文化，培养人才。近代中国遭受西方的欺凌，很重要的原因是我们的文化落后，闭关锁国，没有跟上时代前进的步伐，还自以为天下第一。晚清支持改革的开明官员张之洞在《劝学篇》序言里针对问题的实质，深刻地指出：“世运之明晦、人才之盛衰，其表在政，其里在学。”

在中国古代的教育思想中，学习是一辈子的事情，最初的学习来自家庭，家教好了，子女就成才。所以，儒家讲究修身齐家治国平天下。家训家教对于民族和国家至关重要。

◎刘邦对太子的嘱咐

权贵家族的衰败：骄奢的教训

处天壤之间，劳死生之地，攻之以嗜欲，牵之以名利，梁肉不期而共臻，珠玉无足而俱致，于是乎骄奢仍作，危亡旋至。

——［北齐］魏收《枕中篇》

人居于天地之间，劳作在生死的土地上，嗜欲攻于内，名利牵于外，美食不求却都充足，珠宝不足却都齐到，于是骄奢淫逸起来，危亡则接踵而至。

平民阶层可以通过接受文化教育获得提升，而权贵阶层似乎不存在教育的问题，子女不缺钱，从小就有书念，其家族应该长存于世，繁荣昌盛。现实的情况如何呢？

我们用真实的事例来回答这个问题。西汉有个无比显赫的家族：霍家。霍家的崛起是因为汉武帝时期出了一位天才的将军霍去病，他和另一位大将军卫青共同深入漠北，驱逐匈奴，取得空前的胜利，解除了自西汉建国以来北方草原民族对中原的严重威胁。霍去病的军功非常突出，他曾经统率汉军深入漠北2000多里，大破匈奴左贤王，歼敌七万多人，俘虏了匈奴的屯头王、韩王等三人，以及80多位将军、相国等高级官员，乘胜追击到狼居胥山（今蒙古国肯特山），兵锋直逼瀚海。据历史地理学家考证，瀚海就在今日俄罗斯的贝加尔湖一带。这一战震动了整个东方，使得该地区的地缘政治格局发生重大转变，从此匈奴"远遁漠北，而漠南无王庭"(《汉书·武帝纪》)。隋朝最有名的将军杨素写了《出塞》诗，赞颂霍去病"横行万里外，胡运百年穷"。经此一役，匈奴势力100多年都不曾崛起。

霍去病威名远扬，但天妒英才，年仅24岁就去世了。汉武帝最心痛，所以好好地照顾霍家子弟，最受益的就是霍去病的弟弟霍光。他被提拔上来，追随在汉武帝身边，出入禁中。霍光为人小心谨慎，做事细致周到，在汉武帝身边从来没有犯过错误，备受汉武帝信任，寄予厚望。

汉武帝晚年，家庭发生了重大变故，有人挑拨离间，使得汉武帝误以为太子要造反，想更换太子，最终演变成武装冲突。太子被废黜，重新立了太子。当时汉武帝已值暮年，身体也不好，经过这么一场伤筋动骨的宫廷变乱，政局不稳，挫折感伤，内心满是担忧。他派人画了一幅画送给了霍光，画的是周公背周成王的故事。

西周武王推翻商朝以后，很快就去世了。继承人成王年幼，周公悉心辅佐，才使得西周政权平稳过渡。这个故事在历史上传为美谈，周公成为人臣的楷模。汉武帝这幅画其实已经隐含着托孤的意思，希望霍光能像周公一样，辅佐新的太子。

汉武帝病重以后，霍光去问汉武帝："您如果百年之后，后事怎么办？”汉武帝跟他讲：“我不是画了一幅画给你吗？你明白我的意思。”汉武帝在病榻前任命霍光为大司马、大将军，同时接受遗诏的还有车骑将军金日磾、左将军上官桀和御史大夫桑弘羊，共同组成辅佐班子，以霍光为首，拥立新太子继位。这位太子就是后来的昭帝，当时他只有 8 岁。

自汉朝建立到汉武帝去世，已经有 100 多年。其间，官场形成了非常复杂的人事关系，盘根错节。这四个顾命大臣之间的关系令人眼花缭乱。霍光的长女是上官桀的儿媳妇，生下来的外孙女嫁给了昭帝，被立为皇后。所以霍光是皇后的外公，上官桀是皇后的爷爷。霍光的外孙女嫁给昭帝，是谁牵的线呢？是皇帝的姐姐，叫作鄂邑盖主。鄂邑盖主能够做成皇帝的婚事，能量自然很大，在当时的政局中举足轻重，虽然不是顾命大臣，但谁也不敢忽视她。这个辅佐班子，政治利益加亲情关系，非常紧密。可是，权力就很奇怪，可以让对手变成朋友，也可以让亲人成为仇敌。他们同台掌权，很快就产生了权力斗争。

鄂邑盖主，很有政治野心，私生活相当放荡。她养了一个面首叫作丁外人。有男宠也罢，她还要给这个男宠安排个官做，这事情就麻烦了，需要通过朝廷的组织程序。这件事情通过上官桀报给霍光。霍光秉持国政，为人比较正派，觉得这件事情太离谱，不同意，压下来。鄂邑盖主几次为男宠求官，都没有成功，大为恼怒。

辅佐班子中的桑弘羊，也不是一个好说话的人。这个人在历史上很有名，曾经推动汉武帝实行盐铁专卖政策，即把老百姓日常要吃的盐、制造种田农具的铁这两项东西，变成国家专卖，加很高的专卖税，国家从中获利。他想到是国家收税，根本没有考虑老百姓的利益，闹得民不聊生，百姓怨恨他。桑弘羊也想抓权，想在政坛上培育自己的势力。官员的升迁罢黜都要经过霍光，霍光不同意，就把鄂邑盖主、桑弘羊等人全都得罪了。他们在这个问题上有了共同利益，结成一条阵线，共同对付霍光，要把他扳倒。

有一次，他们趁着霍光休假，联合起来到昭帝面前告御状，捏造霍光要政变的消息，要求昭帝废掉霍光。当时昭帝 12 岁，相当聪明，他从时间和人事关系上分析传闻，一听就知道是诬告，不同意。后来，昭帝警告这伙人，说霍光是一个正直的大臣，谁都不能诬告霍光。

这一次罢免霍光的图谋没有成功，他们便想一不做二不休，干脆动武。于是，他们勾结外藩的燕王，计划由鄂邑盖主在朝内宴请霍光，席间杀掉霍光，将燕王接引进京，拥戴登基，废掉昭帝，全盘掌握朝廷大权。

他们紧锣密鼓，内外勾结，在推动政变的时候，消息泄露了出去。霍光听到密报，抢先动手，把这几个人全给抓了起来，该杀的杀，该族诛的族诛，平息了这场政变阴谋，稳定了昭帝政权。霍光在汉武帝晚年政局动荡到昭帝中兴的过程中，使朝廷转危为安，稳定时局，功劳很大，堪称中流砥柱。

昭帝去世，又出了问题。昭帝没有儿子继承皇位。霍光主持朝政，按照辈分，只能从武帝的儿子中挑选接班人。武帝有六个儿子，现在只有广陵王胥健在。可是广陵王胥人品不好，不能当皇帝，霍光非常踌躇。怎么办呢？他不想让人家觉得自己很霸道，什么都说了算。这时候有大臣跟他讲周太王废太伯立季历的故事。周太王在挑选继承人的时候，有三个儿子，怎么选呢？他做出的抉择是选取那位最有可能带领周族强大的人。所以，大臣跟霍光讲，应该为国家选择最合适的接班人，而不要过于拘泥辈分，论资排辈。这个建议帮助霍光下定决心，考察再晚一辈，也就是武帝的孙子辈，最终选择了昌邑王刘贺，将他迎接入京，登基称帝。

然而，刘贺一旦登基称帝，马上暴露出原形来。此人很糟糕，按照后来揭露出来的情况，他不管国家政务，却整天在宫内淫秽，连辈分都不顾，做了很多败坏道德风俗的事情。霍光和大臣们商量，再一次采取紧急行动，把刘贺的斑斑劣迹报到太后那里，由太后主持废掉他，重新再立新君，第二次稳定了汉朝。

霍光有安定两朝之功，权力和声望十分隆重。霍家的人能不能守住这份功业呢？守得住才是属于你的东西，而能不能守住则同家族的前世今生大有关系。霍光能有这等权势，起家的第一步是托了霍去病的福。那么，霍去病又是如何崛起的，其身世和教养如何呢？

要讲清楚霍去病的身世，就不能不追到更远，从另一位抗击匈奴的名将卫青说起，因为霍去病是靠着卫青外甥的身份才得到汉武帝关照的。

卫青本不姓卫，他父亲姓郑，单名“季”，叫作郑季。郑季是河东平阳（今山西临汾西南）人，在县里当差，做个小吏。这个县有一个很显赫的家族，主人是平阳侯曹寿。一提到平阳侯，又姓曹，人们就会想到汉朝开国功臣曹参的家族。这位平阳侯曹寿正是曹参后人，娶了武帝的姐姐阳信长公主。曹家和皇族通婚，非常风光。郑季就在曹寿手下当差。曹家有个佣人叫卫媪，就是一位姓卫的女佣，“媪”是对上了年纪的妇女的称呼，并不是名字，没人知道她叫什么名字。郑季在县里当差，和这个卫媪私通，生下一个私生子，就是后来赫赫有名的大将军卫青。

卫媪应该有些姿色，看上她的人岂止郑季一个，她这辈子生了好几个孩子，实在没法弄清楚都是谁的孩子。卫媪生的长女叫作君孺；老二也是女儿，叫少儿；老三还是女儿，叫作子夫；子夫还有一个弟弟叫作步广〔1〕。这些卫媪生出来的孩子，后来统统跟着卫媪姓卫。

卫媪生下来的女儿，个个漂亮，特别是三女儿卫子夫，因为美貌而遇到天大的机会。刘邦和曹参是一起打天下的兄弟，汉朝建立之后，刘邦对当初一起起义的兄弟照顾得很好，像萧何、曹参、夏侯婴等人，荣华富贵，相互联姻，结成姻亲统治圈子。刘家和曹家通婚，所以汉武帝跟平阳侯有亲戚关系，毫不奇怪。汉武帝到平阳侯家走亲戚，看中了卫子夫，卫子夫从此攀龙附凤，扶摇直上，先是被选入宫中，备受宠爱，接着被立为皇后，母仪天下。卫皇后一红起来，她的兄弟跟着就飞黄腾达了。卫青因此得到皇帝的关注，被安排到部队中当郎官。

人说好事多磨，即使有汉武帝如此强大的后台，也免不了一波三折，卫青的故事更是跌宕起伏，曲折惊险。卫子夫得宠，受到伤

---

〔1〕根据卫青单名，有人把“步广”作为二人，亦即卫步、卫广，《史记·卫将军骠骑列传》的标点者，即持此见。但是，《汉书·卫青传》颜师古注：“言步广及青二人皆不姓卫，而冒称”，则认为步广为一人。

害的是汉武帝本来的皇后，这皇后出身皇族，是大长公主的女儿，她与武帝属于皇家内部通婚。皇后见到这个没身份的卫子夫得宠，七窍生烟，恨不得把卫子夫生吞活剥。她派人去抓卫子夫的兄弟，把卫青绑架来，送入官府，关进大牢，打算百般折磨后杀掉，以此警告卫子夫。

卫青有一个江湖兄弟叫作公孙敖，听说卫青被绑架，他为朋友两肋插刀，竟然带了几位壮士去劫狱，把卫青救了出来。这事情闹大了，连汉武帝都知道了。汉武帝也动气了，他得保护卫子夫的兄弟，皇帝的权威不容挑战。于是，他把卫青带到身边，让他成为侍从军官，以后逐级提上来，成为一代名将。

卫青的事情怎么扯到霍去病家呢？原来这里的关系还很复杂。霍去病是卫媪二女儿卫少儿的孩子。霍去病的父亲叫霍仲孺，霍仲孺和卫少儿私通，生下一个男孩，便是霍去病。

卫子夫得宠，被立为皇后，她的姊妹、兄弟统统都提拔上来。卫子夫的姐姐卫少儿乌鸦变凤凰，她与人私通的孩子霍去病也发达起来，被汉武帝带到宫中，提携重用，同样成为一代名将。所以这些错综复杂的关系，关键的节点是卫媪和得其真传的女儿，一人得道，鸡犬升天。

汉武帝很喜欢霍去病，发现他是一块当将军的料，果敢、有决断力，胆识过人，便提拔重用，命他带兵出征匈奴，取得空前的胜利，载誉归来。霍去病以前一门心思都在打仗上，不太清楚自己的身世。他的生父霍仲孺和卫少儿私通生了孩子以后，就和卫少儿切断关系，回家迎娶妻子，生儿育女，有了自己温暖的家。霍去病显贵以后，才听说原来霍仲孺是他的父亲，他还有兄弟，并非孤单一人。

人要认祖归宗，孩子总有认父的感情。霍去病当了大将军，路过河东的时候，专门到霍家去认父亲，跪拜于地，执儿子之礼。他跟父亲讲，自己以前不能尽孝，心里万分悲痛，现在一定要帮助这个家。他第一次见到异母弟弟霍光很是喜欢，将他带出老家，走上仕途。不幸的是霍去病英年早世，汉武帝非常感伤，便把霍光留在宫中，悉心培养，寄托对国家英雄的思念与感谢之情。

霍光从少年时起就有这份特殊的机缘，原来是如此复杂的家庭关系给他造的福分。他是汉武帝一手带出来的，所以被寄托心腹之任，早早进入汉朝权力的核心圈。

霍光对汉朝立有大功，家门显赫，尊贵无比，霍家子弟纷纷提拔，权倾朝野。霍光的儿子叫作霍禹，他哥哥的孙子叫霍云，都在汉朝担任重要职务。

霍光去世以后，他的夫人显，给他造墓，规模宏大，封土高耸，神道宽阔，大摆排场，尽显奢靡。他的子侄身居要职，开始有所图谋。汉宣帝最初身处民间，被霍光接回来继承皇位。在民间的时候，宣帝早就听说霍家权势熏天，登基以后，他其实暗存忧惧，担心驾驭不了霍光，汉宣帝直到霍光去世才真正掌握大权。

宣帝曾经立许妃为皇后，但是，霍光的妻子想让自己的小女儿成君当皇后。怎么办呢？她派人在宫内给许皇后下毒，将她毒死，接着由霍光出面，让宣帝迎娶成君，再立为皇后。如此，霍家成为皇亲国戚，睥睨天下，神气非凡。

然而，许皇后在宫内吃东西中毒而死，这可是个大案子。这个案子查了半天也查不出结果，阻力很大，查不下去。霍光死后，宣帝从各种渠道隐约听到，这件事跟霍家有关。因此，他开始疏远霍家，把霍家的子弟亲属、部下好友一个一个调任到外面，将他们从权力中枢排除出去。霍家人感觉不妙，便一起密谋如何抵抗。到了这个时候，霍光的妻子才把真相讲出来，说当年是自己派人在宫里下毒害死许皇后的。这事情真的太大了，通天大案，如果追查下去可不得了，整个霍氏家族都保不住，已经不是争权夺利的官场内斗了。霍家人一起想办法，最后想了一个最糟糕的方案——政变。于是，他们开始密谋和策划发动政变，废掉宣帝，另立新君。这些靠权势夤缘而上的富家子弟，没有经过磨炼，轻率狂妄，把事情想得太容易了，以为政变如同儿戏。阴谋还来不及实施，消息已经走漏出去，霍家遭到彻底镇压。

一个为朝廷立有殊功的家族，从霍去病讨平匈奴到霍光稳定两朝政局，堪称中流砥柱，却仅仅维持两代就结束了，可以说崛起得快，衰败也迅速。很多人特别关注崛起的故事，其实崛起相对是比较容易的，关键是能不能守得住，否则便是竹篮打水，过眼云烟。《桃花扇》说："眼看他起朱楼，眼看他宴宾客，眼看他楼塌了"，霍家就是一个活生生的写照。破产衰败比艰苦拼搏还让人伤感。霍家为什么守不住家业呢？这其中有非常惨痛的教训。

实际上，从霍去病开始，霍家就有一些问题。霍去病也好，卫青也好，他们来自底层社会，小时候没有受到良好的教育。而且，他们两个都是私生子，卫媪与人私通，女儿卫少儿也一样，可见家风不好，缺乏家教。霍去病显赫以后才知道父亲是谁，像这种单亲家庭，在子女教育方面容易出问题，要么母亲把所有的爱集中在孩子身上而娇惯过度，要么管束不住而狂野。小时候没有人告诉他规矩，错过童年最好的秩序与礼仪的培育阶段，长大以后就不懂得分寸，自私而偏激。霍去病后来因为偶然的机会获得提拔，姑姑当了皇后，他一下子平步青云，切切实实感到了权力的分量，有权就有一切，可以让人生，也可以让人死。在禁中成长起来的霍去病，看了太多权力争斗的故事，所以他懂得轻重。表现出来的是他不太爱说话，知道专制权力贵在隐秘，最忌多言。他从不泄露朝廷机密，这方面非常可靠。但是，在另一方面，他一旦有权有钱，就会尽情地享受权力，生活奢侈。他带兵到塞外打仗，并不关爱士兵，自己的军帐里面好吃好喝什么都有，士兵却没有东西吃。天寒地冻，他让士兵在草原上给自己搭建很好的房屋，温暖舒适，美酒佳肴，可是，士兵们打得浑身是伤，忍饥受寒，甚至冻伤，他却不管。士兵眼里看到的霍去病是一个很奢侈的人。前面我们已经分析了他的出身，教养有亏，缺乏对部下、对大众的关爱，就懂得自己追求好生活。这一点在霍家子弟身上也表现了出来，这些不良的风气没有得到纠正，反而传承了下去。

霍光也是在大内长大的，和霍去病相同的一点，就是深谙权力的本质，在政治上小心谨慎。但他同样懂得驱使权力追逐利益，在自己能够完全掌控的家庭中，则尽情地享受。霍光的妻子很奢侈，她的子弟也很奢侈，有什么好的他们就用什么，房子盖得特别大。在中国古代，什么级别的人盖多大的房子，开门几间，用多粗的柱子，都有规矩。但是奢侈的人才不管这些，什么都追求最高、最大、最好，越过分寸。缺少教养的人往往把奢侈当作小事。其实，事情远远不是那么简单。大手大脚地花钱，什么都想用钱摆平，心就傲了，规矩也就没了。所以，大手大脚地花钱不是钱的问题，这个钱没有买来幸福，反而买出了一身的傲慢，最后自己张狂，人飘了起来。

当霍家如日中天的时候，有一位文化人茂陵徐生就讲过，霍家必定破败。什么道理呢？他分析道："夫奢则不逊，不逊必侮上。侮上者，逆道也。在人之右，众必害之。霍氏秉权日久，害之者多矣。天下害之，而又行以逆道，不亡何待！"（《汉书·霍光传》）一个奢侈的人，内心会不逊，不守法，不守规矩。桀骜不驯的人，一定会看不起上级，怠慢上级，不守分寸，容易犯上作乱。而且，他身居高位，手握大权，挡了别人的路，就会遭人嫉恨。霍家掌权既久，又以权压人，更招来众怒。遭这么多人嫉恨，还不知道收敛，僭越犯上，成了众矢之的，必定败亡。

为什么中国的家规家教强调勤俭，讲究低调，崇尚廉洁，抵制奢侈呢？因为担心的就是奢，奢会使人懈怠，比钱比权，看不起别人，心就变傲，傲则不逊，不逊便失去分寸，做事出格僭越，以致犯上作乱。霍光家族的惨败，不就是这么一个过程吗？中国历史上权贵家族的破败，从古到今，莫不如此，无怪乎晚清的曾国藩在给家人的信札里再三告诫道："京师子弟之坏，无有不由于骄奢二字者。尔与诸弟其戒之，至嘱至嘱。"

对于霍家的破败，还有一条教训需要牢记，那就是不少人没有弄清楚权力属性的问题。政治权力是公器，用来管理社会，不为某个人服务。换句话说，权力是工具，而不是目的。很多人对此的认识完全颠倒了，一旦掌权，就想把权力变成私有，垄断它，让公器私有化。

人一旦踏上这条路，就一定败亡，古代的权臣如此，现代社会的人更是如此。

霍光家族显赫的时候，宣帝很怕霍光。宣帝当皇帝，每次到祖庙祭祀祖宗，陪伴他的总是霍光。这位拥立他、保卫他、对他功劳最大，也是最有权势的大臣亲自陪同，应该非常隆重和亲近。可是宣帝内心没有这种感觉，反而是一种畏惧。他一方面感谢霍光，但另一方面看到位高权重的霍光而如芒在背。后来，换了另一位大臣张安世来陪同，宣帝心里才稍稍安定。霍光掌握巨大的权力，让宣帝感到他气势逼人，而他又把自己的子侄布满了朝廷最重要的职位，紧握大权。霍光为什么要这么做呢？无非是想垄断权力，传子传孙。这就犯了私家垄断公共权力的大忌，导致霍家必败。

霍氏家族的破败，给人们两个方面的教训。从大的方面来讲，权力不可私有，千万不要将它当作财宝，企图永远窃据。从小的方面来讲，为人从小就要懂得廉洁、低调、勤俭，切莫骄奢。

家族长盛的奥秘：诗礼传家

览往事之成败，察将来之吉凶，未有干名要利，欲而不厌，而能保世持家，永全福禄者也。欲使汝曹立身行己，遵儒者之教，履道家之言，故以玄默冲虚为名，欲使汝曹顾名思义，不敢违越也。

——［三国］王昶《家诫》

考察古代的成败，推论未来之吉凶，没有追名逐利、贪得无厌却能够让家族长存永保福禄者。你们这辈人要想立身处世，就要遵循儒家教诲，实践道家真言。你们要保持恬淡超脱，深刻理解，不敢违背。

大凡世人多喜欢追逐荣华富贵，追名逐利，这本身并没有什么不对，人性使然。中国古代的贤人圣哲对此并不反对，只是强调君子好财，求之有道。不管是富贵还是贫贱，都要遵循世上公认的道义原则，按法规挣钱，靠勤劳致富。

汉代伟大的历史学家司马迁说过，一般的人挣了钱之后想着继续多挣，有公德事业心的人，挣了钱之后想着济世行善，这无关善恶，只是境界不同。

前一种人在世上占大多数，挣钱想越挣越多，事业想越做越大，被功利驱动着生活。他们中间难得有几个人想明白，挣钱不难，能够守得住才难。好多人发财了，短的转眼破败，长的子孙没落，钱财事业守不住，辛辛苦苦换来一场空欢喜。这种情况在历史上极为常见。以王朝创业为例，每一王朝兴起的时候，风起云涌，豪杰并起，建功立业，一大批英雄豪杰成为开国元勋，这些家门气势如牛，非常风光。可是继续看下去，却发现他们大多以没落收场，有几家能够香火常在的呢？恐怕连1%都达不到，这到底是为什么呢？

说到这里，其实是三个阶段，第一是人性趋利，第二是得利逐利，第三便是名利皆空。一句话，守不住。

这个现象不是用理论分析能够回答的，真实的事例最有说服力。在漫长的时代里，有没有哪些家族超越而出，经久不衰呢？

显然是有的，在汉朝就有一个家族数百年间受人敬重，经历多少次改朝换代、社会变动却巍然屹立。这家人姓杨，他们是如何起家的呢？

根据中国的百家姓传承，杨姓源远流长，可以追溯到遥远的古代，但这家杨氏崛起的真正机缘，还在推翻秦朝的大起义之际。有个名叫杨喜的人参加了义军，后来成为刘邦麾下的战将，在同项羽最后大较量的垓下之役，汉军十面埋伏，项羽一路败退到乌江边上，已经可以看到江东故土了，但被紧紧地包围起来。最后那一刻，汉军发起了总冲锋，率部冲在最前面的是五员汉将。项羽回头一看，把这五个人的名字全都喊了出来。项羽对他们说：“你们不都是我当年的老部下吗？听说刘邦下了重赏，杀我者封侯。念在我们曾经君臣一场，现在我就成全你们吧。”项羽不战了，拔剑自刎，这就是有名的西楚霸王自刎乌江。

刘邦出的赏格很重——封侯，它是什么意义呢？它和赏钱不一样，钱花光就结束了，而封侯却可以由子孙继承，非常稳定，家族跻身贵族行列。因此，刘邦真的下了重赏。冲上来的这五员汉将想获得这份重赏，哪里顾得上旧日君臣情义，将项羽大卸五块，一人扛一块回去领赏。刘邦真的大方，原来说好赏一个的，现在来了五个，他不计较，全都赏了。这五个人里就有杨喜，被封为赤泉侯。杨家崛起其实是从这里开始的。

再往后，杨家在汉朝曾经出过宰相，也出过其他几个大官，但总的来看，官是越当越小，家族也越来越不起眼，更谈不上受人敬重。前面说过，权力是公器，不能私相授受与继承，光凭政治势力或者军功，就想代代垄断它，并且维持家门不衰，根本做不到。所以，杨家在西汉并不显赫，甚至日趋衰微。

可是到了东汉，这个家族突然出了一位鼎鼎有名的人物，叫作杨震。人们发现杨震和他的祖上截然不同，不是以军功或者官僚的身份，而是以饱学之士的形象登场。他对于儒家经典，传统的天文地理，经史百家无不精通，让人钦佩。

他不追求当官，一辈子在家里安心读书，不求功名，热心教育，在家乡做善事，招收学生，教授子弟，培育了很多人才。

东汉朝廷知道杨震很有学问，多次征召，请他出来当官，可他不应召，安心做学问，就这样过了大半辈子。一直到五十岁时，他遇到清官，一再劝说他，有这么好的学问，应该出来施展才干，为社会做一番事业，实现胸中远大的抱负。杨震才出来当官。

从杨喜到杨震，经过了大约三百年，杨氏家族的形象已经发生了根本性的变化，从军功家族变成文化家族。杨家在文化上达到世人难以企及的高度。杨震的学问极好，时人把他称为“关西孔子”。孔子出生在山东，属于函谷关以东；杨震家乡在弘农，就是今日华山之下，属于函谷关以西，故世人称颂关西也出了个孔子。可见，在东汉时代，杨震的学问和人品多么受人尊崇。

杨震在荆州当过四任刺史，再到东莱任太守，经过地方官的历练，提升到朝廷，官至太尉，位登三公，尊贵无比。

杨震曾经当过地方官，负责一方，具体处理民间的事务，想托他办事的人很多。有一次，有人要求他办事，晚上揣着十斤黄金，摸黑来到杨震家里，悄悄送给他，并且跟杨震说：“请您放心收下吧，我来时没人看到。”可是，杨震跟他说：“这件事怎么会没人知道呢？天知、神知、我知、你知，天地神明不可欺，所以不要以为没人知道。”杨震坚决把这个钱退了回去。这是历史上很有名的“四知”故事。

杨震的清廉不是做给人看的，也不是怕贪污受贿被人检举揭发，完全是基于个人的操守。他恪守为官清廉的基本原则，毫不动摇。儒家一直告诫人们要慎独。慎独就是在没人看到的场合、一个人独处的时候，更要自律，严格要求自己。因为没有人看见，失去外在的监督，内心中平时刻意抑制住的念头容易冒出来。那些趁着没有人的时候才做的事情，大概不会是什么好事。这种事情经常发生，轻则形成虚伪的人格，重则变成骗子，如果有权有势，更成为众人所指的衣冠禽兽，表面上道貌岸然，满肚子男盗女娼，说着自己也不相信的仁义道德，想着如何贪腐整人。无人之处见真性情，所以，儒家才这么强调“慎独”，把容易放出心魔的地方变成自我修炼的绝佳道场。一个人不能没有信仰，天地有正气，头顶有神明，做一个真诚的人，无愧于天地良心，哪怕做不了大官，发不了大财，至少心安，不怕夜半鬼敲门。所以，千万不要羡慕那些贪赃枉法、昧着良心发财的人得势风光，你听听他们败露以后的自白，才知道原来一直提心吊胆过日子，表面装神气，内心如惊弓之鸟。

杨震不收钱，他这个地方官就当得很穷，常常是粗茶淡饭，衣着朴素。有人跟他讲：“你自身当官俭朴不要紧，可也得替子孙想想，给孩子留点钱吧。”杨震笑了，回答道：“我当个清官，让后世的人见到我的儿子，就会说他是清官的孩子。我留给他的遗产就是这个，已经够丰厚了。”他追求的最丰厚的遗产是什么呢？口碑。

古人所谓“以清白遗子孙，不亦厚乎！”又云：“遗子黄金满籝，不如一经。”

——［梁］徐勉《诫子崧书》

古人说：“把清白留给子孙，不也够丰厚的吗？”又说道：“留给子孙黄金满筐，不如传给他一本经书。”

古代家训说，留给孩子一筐黄金，不如留给他一橱书籍。我们为什么要给孩子留那么多的黄金呢？因为我们担心孩子不够生活，我们想挣很多的钱，留给孩子打底，让他起步比别人高出许多。孩子很有钱，就不用受我们受过的苦，可以过舒适的日子，拿这钱去读书，去成就大事……其实，我们想太多了，没有经过磨炼，不曾吃过苦，饭来张口，衣来伸手的孩子，压根就不知道钱来得不容易。这样呵护出来的孩子，十有八九会成为败家子，大手挥霍，坐吃山空。这就是为什么不能给孩子留太多钱的原因。国内外有好多挣大钱的人，到晚年怎么处置财产呢？设立慈善基金会，把钱都给捐了。捐钱就是为了不留给孩子，好让他自己去努力拼搏。从另一个角度说，我们太低估孩子了，我们能挣这么多的钱，做这番事业，就这么没自信，以为孩子就不行，就做不到？也许人家做得比我们还要好，做得比我们还要大呢。那么，我们更需要想的是如何让孩子做得更好、更大？那就是一定要有品德、有文化、有毅力。这就是为什么要留书的道理，让他自己好好读书，明事理，懂得怎么做事，磨炼成才，那么他一样能够做出一番事业来。

留书是最好的选项吗？也未必。我以为留很多书给孩子，还不如给他广结善缘。中国人总说要积德，积德也是在结善缘。你一生行善，帮助很多艰难困苦的人，别人有难、有急，你尽量去帮，能做尽量做。帮助别人有求回报与不求回报的区别，哪怕是心里隐隐有求回报的期望，做的可以称作好事；连回报都不想，帮了就当没这回事，那属于做善事。做了很多不求回报的善事，受你帮助的人是有感情的，他现在没有能力回报，心里会念着，有一天有了这个能力，就会想起是某某人曾经的帮助才有了自己的今天。也许这个时候你已经不在世上了，可是你的儿子、你的后代，还在社会行走，人家见到就想起这个人的父辈帮过我，大家都来帮你儿子一把，你一把我一把，众人拾柴火焰高，你儿子在这个世界上会活得很潇洒，很顺畅。而且，他心里得到善的滋润，也会行善，代代做善事，这样的家族一定绵延不绝。反过来，如果你一心只想着赚钱，路数不正，这里刻薄人家一下，那里骗人家一把，坑蒙拐骗，钱是赚到了，口碑却坏了。人家即使拿你无可奈何，背地里也会恨得咬牙切齿。这样的钱留给子孙不但没用，反而有害。你的子孙后人在社会上走到哪里，人家都会记得他父辈当年如何使坏，谁都想踩你儿子一脚。一人踩一脚，你儿子受得了吗?

杨震虽然清贫，可他实践了儒家提倡的道德，学问好是基础，人品高才是灵魂，留给子孙的是为官清廉的口碑，这是最大的遗产。注重眼前利益得失的人都看他傻，在物欲横流的时代，穷死了也没人同情，还不如同流合污捞取现实利益。然而，从更加长远的历史来看，杨震的声誉却是这个家族崛起的转折点，弘农杨氏因此冉冉升起，受到世人敬仰，子孙后代以他为榜样，传承优良家风，缔造了数百年誉满天下的家族。回望走过的路，人们不能不赞叹杨震留下的遗产真是丰厚!

杨氏家族从军功起家，到杨震这一辈完成了转型，变成一个文化名望家族。这一步很关键，权力和金钱是无法让子孙继承的，明白这个道理的人要懂得花钱，把权力和金钱转化为人的培育，变成文化，打造门风，形成家族传统，这就是扎根。家训立意高，子孙家教好，对社会的公益道德贡献大，这个家族根扎得正，将来一定会长成参天大树。《管子》早就说过："一年之计，莫如树谷；十年之计，莫如树木；终身之计，莫如树人。"看重眼前利益，那就种稻谷，只有一年。想长一点就种树，再长远就育人，不用担心你做的善事没有得到眼前的回报，给子孙耕种福田最是福气。所以，事情要朝远处看，心量便大了。一个经久不衰的家族就像枝繁叶茂的大树，需要常年浇灌与养护。

杨氏家族的第二个转变，是家族内涵的提升。古人告诉我们，世上只有三样东西可以长存，不是权力，不是钱财，而是立德、立功、立言。立德就是品行，高风亮节，让人高山仰止，成为楷模；立功是为民兴利除害，统一国家，开创制度，确立法治，垂则后世；立言是洞察天地人，大彻大悟，著书立说，启人智慧，导人向善。除了这三条，其他的都留不下。杨震对于杨家的最大贡献是立德。

杨震所处的东汉王朝，可谓命运多舛，大致从第三代开始，皇帝很年轻就死掉。皇帝死了，继承皇位的皇子年幼，只好请舅舅来辅政，太后垂帘听政。皇帝渐渐长大，可是舅舅品尝到权力的滋味，不肯把朝政交还给皇帝。皇上怎么办呢？朝中都是舅舅的人，他只好靠自己身边的人来夺权。皇帝身边主要是什么人呢？宦官。一群没有文化，身心受到残害，以致对社会充满仇恨和报复心的人，皇帝和他们一起密谋，发动政变，扳倒舅舅，夺回政权。皇帝完成这番事业后不久，年纪不大又死了，于是外戚重新掌权。这事情没完没了地重复，不停地循环，外戚和宦官每一拨人执政的时间都不长，权力斗争非常激烈，每一次变动必定伴随着利益重新瓜分，权和利紧紧捆绑在一起，全是私利，整个社会被扭曲了，受伤的是老百姓。所以，民众对此深恶痛绝，怨愤积多了就一定要爆发。

自从西汉武帝以后，儒家学说成为国家主流意识形态，其教育讲正义、讲公平、讲清廉，官员是在这种文化熏陶下培育出来的，因此他们对东汉的这种政治现状非常不满。

东汉宫廷内部那些乌七八糟的事情，最终都要拿到宫外变现。例如皇帝小时候的奶妈，依仗着皇帝这座靠山，也要在政治上大捞一把，她要安插自己人在朝廷当官，为她收受贿赂，收揽钱财。奶妈也玩政治，是不是太过分了，可朝官不敢惹她。杨震骨鲠，站了出来，公开给皇帝上表，针砭时弊，指出政治要以贤为本，去除污秽。什么是污秽呢？宫里那些来路不明，出身低微，根本不按照正当的人事选拔制度提拔上来的人，诸如奶妈、宦官之类，都应该从官吏队伍中清除出去。杨震的上表直接打击了东汉掌实权的人，发出社会压抑已久的声音，鼓舞了正气，杨震成了东汉后期清流官员、年轻学子的领袖人物。

杨震的上表没有起到效果，因为皇帝是奶妈哺育的，他不敢处理此事。可是，杨震不屈不挠，接连上奏，为清明政治而呼喊。他的行为激起一大批清流士人拍案而起，共同抨击朝政。就在这时候，有一个清流人士又冲出来，给皇帝上表批判宫内争权夺利的乱政，言辞尖锐。可是，这人地位低，朝廷便将他抓起来，关进大牢，治个诽谤罪。杨震按捺不住，再次上表，说不能以诽谤治罪，批评得相当激烈。皇帝把这道上表压下去，没下文。但那位关在牢里的清流却被处死。这事情没有结束，朝中掌权的人早就想铲除杨震，便借着这个案子，到皇帝那里进言，称杨震因为此案而仇视朝廷，有怨恨之气，不能再当官了。他们合力将杨震罢黜，遣送回乡。

对正义的打压，把士人心中的好皇帝梦给揉碎了，连杨震如此德高望重的高官都遭禁锢，正压不住邪，那希望在哪里呢？杨震本人更是悲愤交集，他并不怕当朝权贵，之所以不断抗争，是因为相信皇帝被奸臣蒙蔽，驱散乌云就能重见太阳，可这回真让他心碎了。走到半路，他跟身旁的孩子说：“朝中有奸臣，我不能去除；宫内有佞幸小人，我也无力抑制，我这个官不起作用，还有什么面目活在世上！所以，我不想再活了。我死了以后，你们就用杂木做薄棺，拿一张布单盖住尸体就可以了，千万不要给我起坟修墓。”说罢，饮毒而死。

杨震的死在当时激起了非常大的反响，关西孔子、清流的中流砥柱死了，很多人为他鸣冤。大概一年以后，顺帝继位，他听从清流阶层的呼吁，恢复杨震的名誉和地位。平反的那一天，四面八方的人奔到杨震家乡，隆重悼念他，车马列成长队，人们心中的一座丰碑立了起来。

树立一个形象容易，屹立不倒才难。杨家声名远扬，这个家族难能可贵的是严于自律，表里一致，把儒家道德变成家庭教育，养育出一代又一代杨震式的人物，后继有人。

杨震的儿子杨秉也以学问见长，读书明理，不恋权势，有清高之风。杨秉家传学业，在乡村教授子弟，无意当官。后来清流人士呼吁他出来从政，激浊扬清。他当官以后，跟父亲杨震一样，上了许多奏折，抨击宦官用人走旁门左道，贪污受贿。有一次，他跟皇上讲如果再不整肃朝政，国家将会灭亡，一口气弹劾了几十个贪官。根据他的指名弹劾，一大批贪官被罢免，天下为之震动。

杨秉晚年退休，一生清白。他说自己有三样东西是不惑的——酒、色、财。要知道政坛上许多官员败就败在这三样上。

杨家给世人树立了什么榜样和规矩呢？杨震立下“四知”——

天知、神知、你知、我知，就是不能昧着良心做事。他儿子有“三不惑”——酒不惑、色不惑、财不惑，就是不被财色等物质利益迷惑，在任何场合都能把持得定，浩然正气。杨家就这样把优良传统一代代接力下去，在东汉之后成为天下敬仰的名门，哪怕再有权势的人，也以同杨家攀亲带故为荣。

西晋武帝的皇后就来自弘农杨氏。杨皇后早逝，临终前与武帝讲：“我死后，你是不是再娶杨家？”晋武帝如获甘露，欣然同意，所以他第二任皇后还是出自杨家。晋武帝为何如此高兴？他正在提倡以孝治天下，怎么建立自己的形象呢？杨家声望非常高，对于注重门风的士族社会，这件婚事本身就具有礼的意义。此后各个王朝的皇帝也明白这一点，所以，从西晋以后的历朝历代，皇后嫔妃有很多出自杨家，各朝皇帝都以迎娶杨氏女为荣。杨家男子也是人才辈出，这个家族的社会定位确立下来，历经数百年，给人的印象是有文化，重礼仪，门第高贵。从军功起家到士族名门，几百年的积淀，杨氏家族成为转型非常成功的事例。

这样的事例当然不止杨家，中国古代家训家教培育出来有格调的家族繁多，故在世界文明古国中，其文化传统更加深厚而悠远。下面再讲一例。

唐朝公认的天下名门，有崔、卢、李、郑、王，其中的王家出自山东琅琊，也就是现在山东临沂地区。这支王家最初也是靠军功起家，太古老的起源传说就不去考证追究了，其真正成为众人瞩目的名门，是从秦朝的王翦与王贲父子开始的。

王翦是很能打仗的将军，他把作战的本领传给儿子王贲，王贲

◎杨震与「四知」

也成为一代名将。他们父子两人在秦灭六国的战争中，参与了灭齐、楚、燕、赵、魏、韩六国的战役，对秦的功劳非常巨大。不用说，这时期的王氏是一个军功权贵家族。

王家功勋卓著，位高权重，秦朝以后的王朝也任用他们家的人，但这个家族并没有得到社会普遍的尊崇。所以，王家虽然代有人出，入仕任官，但其社会地位并没有多大的提升。

东汉末至魏晋时代，由于外戚和宦官交替专权，造成官场乌烟瘴气，激起社会对于公平正义的追求，要求政治清明汇成一股浪潮。面对政治腐败的官场，有品格的士人不肯同流合污，他们洁身自好，以自己的言行成为天下楷模，民间自发评选出一批清流官员，共相表彰，蜚声海内。在这些人中，王祥赫然在列。

在史书中，王祥被描写得颇具传奇色彩。据说他的后娘不疼他，甚至恨他，虐待他，干活不给饭吃，百般折磨，没事就诅咒他，还给他下毒，总想弄死他，就因为他不是亲生的。然而，王祥对后娘从来都是逆来顺受，没有怨言。有一次，后娘生了重病，医生来了，号脉开方，这帖中药需要用黄河的新鲜鲤鱼做引子。那时候已是冬天，冰天雪地，哪来新鲜大鲤鱼呢？大家急得团团转，一筹莫展。王祥二话没说，奔出家门，跑到黄河冰床上，解开自己的衣服，趴在冰面上，用自己的体温融化冰封。他的行动实在太感人了，连老天爷都给感动得大发慈悲，让冰融化，鲤鱼跳了出来。王祥拿着鲤鱼救活了后娘。这个故事不是常人能够做到的，感人至深，纷纷传颂，以至被列为二十四孝楷模。在古代传下来的《二十四孝图》中，那幅趴在冰床上的图画，描绘的就是这位至孝王祥的故事。

这则故事如果完全当真，恐怕很有疑问，里面有很多人为编造的情节，目的在于强化孝的观念，以致不近人情。统治者对孝顺故事的人为夸张与拔高，无非是为了把它绝对化，导向愚忠。因此，被统治者绝对化的故事，不可信的成分很多，我们完全不必把它太过当真。那么，这则王祥孝顺的故事有什么价值呢？就家族演化史而言，它告诉我们王家在这个时期已经出现一个很大的变化，军功权贵的形象被忠孝礼法所替代，王祥本人是饱学之士，更以卧冰求鱼来凸显道德品质的高尚，这同前面介绍的杨家转型如出一辙，就是这个家族在政治黑暗的时代逆势崛起，以文化和品格的崇高而受到世人的敬仰。剥去后来被统治者粉饰之处，还是能看到王氏家族的转型过程。这个转型是真实的，从王祥以后，王家就代出名士，东晋王朝最主要的拥立者王导就出自这个家族。

王导风姿飘逸，见识器量，清越弘远，完全是一位儒学政治家的形象，并非乱世中叱咤风云的武将。五胡乱华，北方沦陷，中原士族不愿意被外族统治而纷纷南下。当西晋主力在河南地区被匈奴和羯族的军队围歼之后，南渡长江的各支士族联合起来，在王导的主持下，拥立实力微弱的司马睿为皇帝，建立东晋政权。当时各支士族之间矛盾重重，相互瞧不起，对前途缺乏信心。幸好王导品德才识为人推重，凭借此声望把大家团结起来，才保住南方半壁江山和汉文化。王导的号召力很大，在东晋前期举足轻重，所以当时人称“王与马共天下”，意思是王家的影响力和东晋皇室司马氏可以相提并论。由此可知，此时王家的社会地位和声誉有多高。

从东汉末年到东晋时代，王家出了很多人才，例如思想家王述，竹林七贤的王融等，都是饱学之士，也是那个时代思想解放的先驱人物，引领风骚。有这么深厚的思想文化基础，这个家族一定要出更多大人物。

东晋时代，王家出了一位至今都备受推崇的人物——王羲之，号称“书圣”，成为中国书法的象征。王羲之在家族文化的浸染之下，很有才华，十分潇洒。当时东晋的掌权者郗鉴，有一个女儿很漂亮，想嫁给王家。郗鉴跟王家提亲，王家当然很高兴，因为郗鉴也是名士。这么好的姻缘，谁不想要？王家子弟听说要娶郗鉴的女儿，每个年轻人都打扮得漂漂亮亮，走出来让郗鉴的管家挑选。看来看去都不太满意，管家点点人数，发现王家的孩子缺了一位，便问此人在何处？王家人告诉他，在东墙下面袒腹高卧的那位便是。此人自己躺在那里，逍遥自得，对迎娶豪门千金丝毫不在意，不来争取这份好事。管家走过去打量，公子清秀俊朗，一下子就相中了。回去跟郗鉴说，王家子弟都来争当郗家女婿，就一位没来，非常洒脱。郗鉴听了汇报，当即拍板，就要这位。此人便是王羲之，而此事流传出去，成为美谈，便有了成语“东床快婿”。

王羲之一生当了什么官，做出多少政绩，有多少人记得呢？他在政坛上做的所有事情，全部加起来都抵不上他酒喝微醺时写下的《兰亭序》。“永和九年（353），岁在癸丑”，王羲之与朋友聚会于会稽山下，曲水流觞，饮酒写诗。王羲之酒后提笔，给诗集写序。天朗气清，惠风和畅，举目望去，崇山峻岭，茂林修竹，俯仰天地，感慨万千，奔涌于笔端，遂成为中国书法的巅峰之作，无人超越。王家从军功到思想艺术的转型，已经枝繁叶茂，根深蒂固。世道再乱，只要家族教育的学脉没有被斩断，将文化传承下去，这样的家族必定有人物出现，让家门发扬光大。历史一次又一次告诉我们，文化才能让家族立起来，而家教家训则令家族传承下去，文化不绝，香火不断。所以我们常常能够在家族祠堂大门见到高悬的巨匾，写着：诗礼传家。

世道变迁，家族也须转型

秦朝以后，中国历史的进程发生了根本性的变化。西周封建制下，土地层层分封，底层社会实行井田制，农民拥有百亩之地，守着自己的小家，养儿育女，生活节奏慢，身份变化也不大，日子算不上红红火火，却有一点家产可以继承，百姓甘其食，美其服，安其居，乐其俗。古人说"有恒产者有恒心"，恒心就是坚守祖业，踏踏实实持家务农，乡里和睦，香火不断。家庭教育是以宗族为核心，讲究宗族传承，祭祀祖先，宽厚待人。一句话，守业仁厚。

到了秦朝，消灭封建，实行高度集权的帝制，废井田，开阡陌，生产和生活资源收归朝廷，人们须要进入体制之内，获得分配利益的资格，争取一份生活之本，这就要同许许多多怀着相同目的的人展开竞争，为人处世和家庭教育的宗旨自然也跟着发生很大的变化。一言以蔽之，顺应融入。

不了解这个大背景，不与之相适应，还想用以前的方式，靠个人英雄主义独闯天下，只能落败而被淘汰。项羽和刘邦争天下，无论是文化素养，还是英勇善战，项羽都高出刘邦甚多，却最终落败，司马迁用生命才华塑造了项羽顶天立地的形象，也只能是对往日的缅怀，再没有“至今思项羽，不肯过江东”的英雄了。这场轰轰烈烈的历史大戏背后，是时代巨变，落花有意，流水无情。

因此，帝制建立以后的2000多年，既是一个个王朝兴替的历史，也是一个个家族成败的历史。沧海桑田，不断有家族崛起，也有家族沉沦，新老更替，有些家族饱经世事变迁，绵延数百年，成为历史上的名门大姓，影响深远；更多的家族却“其兴也勃焉其亡也忽焉”，骤起辄衰，从这些起起落落的历史中，人们得到什么启发呢？

从家族兴起的历史看，能够骤然勃兴的家族，往往是军功起家，还有就是官场得意或者商贩牟利者，这些家族原在民间，没有多少文化，因为风云际会突然崛起。崛起之后，能不能够长期延续下去，便是一个艰巨的课题。大部分家族都衰落了，并不是他们想衰落，而是他们没有找到让家族延续下去的关键。他们有钱有势，溺爱子女，结果孩子长大后，不是为非作歹而锒铛入狱，就是挥金如土坐吃山空，其短者一代而衰，稍好的也难逃“富不过三代”的命运。

不读历史就难以洞悉世道变迁背后的本质而流于表面的观察，还以为失败的家族是因为权谋术数没学好，在权力或者名利场里没玩好的缘故，总是从手段技巧方面去思考。其实最根本的原因是这个世界变了。还有就是家教是否对路，要内外兼修，顺应时代，与时俱进，让子女一代代成为时代的弄潮儿，才能保持家族长盛不衰。

首先，秦朝以后是一个帝制官僚体制，国家掌握社会的绝大部分资源，因此，家族必须和国家的命运紧密相连，才能维持繁荣。官僚社会，在某种意义上说，也是一个精英统治的社会，只有在文化上脱颖而出，才能融入国家机器之中。所以，我们看到大家族无不以教育为本，不惜重金，培养子女。他们认识到教育的重要性，故其家族大堂上往往高悬诸如“诗书传家”“耕读传家”之类的匾额。同那些只晓得依仗权势作威作福的家族相比，从军功、官位、金钱及时向文化转变的家族，抓住了社会发展的主流。

其次，前面我曾经分析过，军功起家的家族要懂得变武为文。武力是一个什么样的因素呢？在世道变化中，武力是动的因素，通过武力改变事物的结构，改变权力的格局，改变利益的分配。但是，社会不能永远动个不停，那就成为折腾，会产生巨大的破坏作用。所以，一定要懂得适时转变，由武向文转化。文就是讲规矩、讲规则，在家庭中成为家教、家训，最后形成家风。把好的东西、善良的东西沉淀下来，变成大家遵循的法则，这才守得住。变武为文就是由动转静。这个道理，古人早已告诉我们：“知止而后有定，定而后能静，静而后能安，安而后能虑，虑而后能得。”（《大学》）

武而文，动而静，告诉我们要懂得事物的转化，军功家族成功转化的事例，也同样适用于商人身上。古代号称“商神”的范蠡，辅佐越王勾践复国成功，而他则急流勇退，退隐经商，非常成功，三次发大财，三次都把钱分散给众人，积德行善，范家立住了。所以，不管是从政，还是经商，成功以后懂不懂得转化非常关键。死守钱权，重物不重人，肯定长不了。

再次，文化不是技术技巧，光有知识远远不够。有些知识家族不受世人尊重，他们举止粗俗，见地庸鄙，被称作有知识没文化，依然衰落。在家教方面，文化是培养如何做人，以人为本。子女教育必须从小学习规矩，让孩子顺从维持家族秩序的“礼”，敬老爱幼，勤俭耐劳，学会与人相处，为人儒雅，办事有分寸。所以，书本知识和现实的家族礼教构成教育的两个方面，相辅相成，缺一不可，亦即要“知书达礼”。由此来看今日的子女教育，往往只注重书本知识的学习，而忽视做人的培育，结果孩子读了点书，恃才傲物，不能与人相处，反而遭损。

有知识，懂礼仪，就具有融入社会的基本素养。家教可以说是人生教育打基础的阶段。各家族通过一套家族教育的实践，总结出自己的心得经验，保持下来，形成家风，代代延续，源源不断为社会输送人才，同时反哺家族，力求长盛不衰。这里介绍一件南北朝时代颜之推写给后代的家书，以一窥十，知其概貌。

颜家是南北朝时代著名家族，出了很多响当当的人物，家族长青，唐朝出了颜真卿，几乎无人不知。颜之推祖上为北方士族，随晋元帝南渡，落户江南。他出生于梁武帝时代，死于隋文帝开皇年间。其家教甚严，从小刻苦学习，博览群书，成为南北朝时代杰出的学者和官员。然而，他的一生颇为不顺，早年因家学而声名大噪，十九岁就担任王府右常侍，少年得志。可是，由于战乱，他数度成为俘虏，死里逃生，被掳往西魏，后来逃到北齐，企图南归。途中听说梁朝被陈朝所取代，不得已留在北齐，因文才而任职中枢机构，看透了官场的权谋倾轧，自己也屡遭排挤，险些罹难。北周灭齐，他再次当了俘虏，转仕北周。隋朝篡周，他被隋太子杨勇召为学士，不久病逝。

历仕南北三朝的经历，让他对于世态人情、官场内幕都有非常深刻的了解。他写了《颜氏家训》，总结为人处世的经验教训，用以教育子孙，目的当然是为了家族香火绵绵不绝，子孙人才辈出。他用自己一生的经历，告诉后代应该注重子女教育的那些基本方面。

吾家风教，素为整密。昔在龆龀，便蒙诱诲；每从两兄，晓夕温凊，规行矩步，安辞定色，锵锵翼翼，若朝严君焉。赐以优言，问所好尚，励短引长，莫不恳笃。年始九岁，便丁荼蓼，家涂离散，百口索然。慈兄鞠养，苦辛备至；有仁无威，导示不切。虽读《礼》《传》，微爱属文，颇为凡人之所陶染，肆欲轻言，不修边幅。年十八九，少知砥砺，习若自然，卒难洗荡。二十已后，大过稀焉；每常心共口敌，性与情竞，夜觉晓非，今悔昨失，自怜无教，以至于斯。追思平昔之指，铭肌镂骨，非徒古书之诫，经目过耳也。

——［隋］颜之推《颜氏家训》

我家的门风家教，一向严格缜密。往昔我还在孩提的时候，就受到教导。时常随着两位兄长，早晚侍奉双亲。举手投足，都有规矩，神色平定，言语谦和，走路恭正，就像给父母请安一般。长辈送我美言佳句，询问我的喜好，激励我扬长补短，十分诚恳殷切。我刚满九岁之时，就痛失父亲，家道中衰，一门百口，萧索冷落。慈爱的兄长挑起养家的重担，辛苦备至。可是，他宽仁而没有威严，督导训示不严格。我虽然读了《周礼》《左传》，也喜欢舞笔弄文，但是，受到凡俗之人的影响颇大，常常随心所欲，信口开河，不修边幅。到十八九岁，稍微懂得要立志磨炼，只是有些习惯已成自然，一时难以涤荡尽除。二十岁以后，我就很少犯大过了，内心经常会自我警惕，不要随口妄言；理智与情感冲突，晚上察觉到白天的错误，今日后悔昨日的过失，自叹没有受到良好的教育，才到这种地步。追思平日立下的志向，刻骨铭心，不是阅览耳闻古书训诫可以比拟的。

寓教于乐，润物细无声的引导

在世界古文明中，中国古代文明完整系统地延续到今日，实属罕见。这是如何做到的呢？原因很多，其中一个方面便是我们的古文字系统与古代教育方法。汉字的最大特点是象形，是从朴素的图形发展演化而来，因此，每一个汉字都是一幅图、一件艺术品。汉字通过图形来表义，就必须讲出每一个字义的源流，立义的根据。因此，它又把世界观和价值观悄悄地注入汉字之中，学会了汉字就学到了艺术，领悟了思想，掌握了中国古代的文化，形成了群体的凝聚力，“四海之内皆兄弟”，此兄弟不源于血统，而本于文化认同，天经地义成为一家人。《三国演义》开篇就说：“话说天下大势，分久必合，合久必分”，我们可曾注意到，“打断骨头还连着筋”的一定是使用汉字的地区，若非如此，分了便回不来。这是什么道理呢？汉字的力量，使得文化认同形成了民族认同与凝聚力。用拼音文字取代汉字，或者把汉字当作字母符号来教，几乎是在刨中国文化的根。

既然汉字来源于图像，那么汉字的教育一定很迷人，像讲故事一般，寓教于乐，融于血脉，令人终生难忘。家教所要传达的传统与价值观随之深植于心中。学汉字的人应该是一个艺术家，有家教的人应该成为有品格的思想家，这样的民族如果产生不了艺术家和思想家，做不到温文尔雅，那教育一定是出了大问题。

看图识字：汉字的艺术魅力

家训是家族的前人基于个人阅历和对历史上得失成败的经验而总结出来的为人处世的智慧，用于教导子孙后代立身处世，不去重蹈前人覆辙，走出一条人生坦途。那么，家训应该受到孩子们的欢迎，喜闻乐见。可是，现实中仿佛不尽如此，尤其到中国古代社会后期，政治上独裁专制，社会越走越僵硬，文化越走越封闭，越落后便越自以为是，自吹自擂，家族内部关系也变得越来越森然可怖。在这种文化氛围之下，人与人之间逐渐失去了平等交流的亲切，养成居高临下的训人恶习，到处泛滥着官腔空话的训示。所以，一提到“训”字，就讨人嫌恶，至于家训也同样免不了孩子们抵触的情绪，本来循循善诱的引导，变成了冰冷严厉的训话，让孩子们感到害怕。“训”组成的词语也大多具有负面的色彩，比如训斥、训示、训令、训诫、训责等，都带有惩罚性、强制性，似乎连汉字也跟着变化，失去本来的面目。

令人生厌，交流便难以进行，教育也失去感染人的力量，到此地步，我们应不应该好好反思一下，在孩子的教育培养上是不是做错了什么？我一直认为，学习是一件很快乐的事，如果不快乐就学不好，学习就失去了动力。所以，千万不要把学习变成一种折磨，而家训本来就是引导孩子在快乐中走向真诚、善良和美好，像春雨一般润物细无声。那么，教育应该如何展开呢？

中国古代的教育，从童蒙教育开始，就是令人愉悦的看图识字，这才是汉字教育的正确途径。我们先来说这个“训”字吧。

“训”这个字，左边是言字旁，右边是表示河流的“川”字。言的意思，也就是说服、劝说、诱导、讲道理、讲故事，应该是很快乐的事情。讲什么呢？讲大道理。讲出来的故事和道理，像长江之水，绵长不断，滚滚向前。古人说要“从善如流”，遇见好事，应该乐而从之；听说道理，应该起而行之。所以，“训”非但不会让人害怕，反而具有很大的吸引力，导人向善，奔向未来，奔向美好。

再来看看家教的“教”字，经过简化字省略以后，很多人把它理解为左边一个“孝”字，右边一个“文”字，这就不好解了。其实，“教”字的原形是“斅”，左边是“学”字的繁体字——“學”，右边是“攴”字。学就是要读书，要从实践中学习感悟。学的繁体字“學”，其构成上面是一个“臼”，是加工粮食的容器，衍生为学习的受体；臼的中间是一个“爻”，“爻”表示阴阳交相作用，衍生为天地万物生生不息的变化规律。学习什么呢？学习天地万物千变万化的道理。“攴”字是以手持杖，做敲击状。也就是说，学习要下功夫，需要督促，需要有老师。这也可以认为是学到的东西要去实行，听见一句好的格言，就要身体力行，亲自实践。既有外在的开导督促，也要有内在的自律实践。学会一个好东西，亲自把它做出来，这便是“教”。家里一个好传统，孩子将它继承下去，这就是“家教”。实践美好，便是美德。

我们说的道德，最主要的功能是用来律己，而不是学了道德，当作戒尺，自己不做，却要别人做，毫不律己，专门律人。道德变成整人的棍子，那就是罪恶。孔子讲“朝闻道，夕死可矣”（《论语·里仁》），早晨听说了大道理，怦然心动，起而行之，哪怕晚上为它去死都心甘情愿。家训中有很多故事，讲家庭是如何发展起来的，它们都围绕积善、积德这个中心，揭示行善发家的道理，激励子孙后代遵循实行，走正道，承担起兴旺家族的使命。用从善如流的“训”，代代实践为人处世之“教”。

讲了“训”和“教”这两个字，我们懂得了中国的家教，首先要从中国文化的源头去理解。我们使用的是汉字，而不是拉丁字母。汉字本身是一幅画，引申出来的意境是一首诗，使用汉字的民族应该是天然的艺术家、文学家，富有美感。不懂汉字就没法理解中国。所以，我们一定要教孩子识字。在欢快的学习中，受到熏染感化。

学习是一个从听闻到实践的过程。孔子《论语·学而》讲：“学而时习之，不亦说乎。”我经常问中学生、大学生，这句话教我们如何学习呢？有同学回答说，读了书就要经常去复习，时时温习就是学而时习之。那我就纳闷了，读了书为什么要经常复习呢？为了考试。不复习就忘记了；复习了，考试就能得高分。如果是这样，那么我又想问，考试快乐吗？同学说，考试好苦，一点都不快乐。那既然读书是为了考试得高分，很不快乐，怎么后面会说“不亦说乎”呢？这显然又是没有好好掌握汉字而造成的。

这里关键的是“习”字，原来的字形是“習”，上面是羽毛的“羽”，下面是白天的“白”。这是一幅怎样的画面呢？天亮了，太阳出来了，鸟妈妈要带着新生的小鸟学习飞翔，这就是羽，展翅学飞。这曾经是我天天见到的情景。以前我家大门上边有小燕子做的燕窝，几个月就有一窝小燕子孵出来。天亮的时候，燕子妈妈会带领小燕子学飞，一遍又一遍，从低飞到高翔。动人的画面，让人明白了“习”的字义。“学而时习之”是说学习之后就要去实行，在实践中掌握它，这时自然会产生发自内心的高兴。

为什么不少学生答错了呢？这同汉语教育大有关系。现在的语文教材教授汉字，是从笔画少到笔画多的字来编排的，由简而繁，逐字记忆，仿佛遵循了学习的规律，其实违背了汉字的特点，这是大错特错的。如果按照笔画多寡来学汉字，一定学得很痛苦，因为这同学习英文字母没有本质区别。然而，汉字同英文全然不同，汉字是象形表义文字，英文则是拼音文字。汉字通过字义来理解语言，所以常常见到懂得意思却读音错误的情况，无须大惊小怪。英文则通过语音听懂意思，音错了，词便不同。两种截然不同的语文，学习的方法当然大相径庭。如果把汉字按照笔画多少排序学习，而不是辨图识字，那它便成为一种符号，同英文字母没有根本区别，我们的学生负担将比谁都重。英文总共就26个字母，记住了就能拼写出所有的词语，而汉语学习至少要掌握5000个汉字才能较好地表达思想。别人学26个字母，我们则要学习5000个汉字，两百多倍的负担，小小学童如何记忆清楚无误呢？所以，我们把汉字当字母教，孩子写错别字就必须原谅他。那不是孩子出错，而是我们汉语文教育的问题。

古人教授汉字，从来不按照笔画多少的顺序，也从来不把汉字当作符号，或者字母。汉字是从图到义的统一体。我们读一读童蒙教材《三字经》的开篇："人之初，性本善。""善"字就很难写。再比如《千字文》开篇："天地玄黄，宇宙洪荒。日月盈昃，辰宿列张。"这里有多个难写的字出现，可见古人从不考虑汉字笔画多少的问题。

可是，古时候的孩子并没有觉得难。什么道理？其实，只要我们遵循汉字本身的规则去学习，一点都不难。举几个字来说，比如"马"字，原来的字形是"馬"，上面三横，如果用汉朝的隶书来写，蚕头燕尾，多么像马背上的鬃毛。一旦马奔腾起来，背上鬃毛迎风飞扬。而弯曲的那一画，像马的身体，下面的四点像是马的四只脚，活生生的一幅骏马奔腾的图画。这个图像出来，孩子马上记住，肯定不会写错。

再说海岛的"岛"字，笔画那么多，很难记住。上面一只鸟，下面一座山，鸟和山合在一起为什么会变成一个"岛"呢？仔细想想，鸟有可能停在水上吗？鸟一定要停在坚实的土地上。那岛是什么呢？水下面的山，山头隆出水面，四周全是水。鸟能停下来的唯有水中这一块突出的地，是不是非常生动地讲清楚岛的特性了呢？又是一幅很美的画面，肯定不会写错。

不讲字，就讲不清楚中国古代的文化。把汉字的故事讲出来，汉字尽展风采，它不是字母，不是抽象的符号，而是一幅画、一首诗，记住五千幅优美的图画，人生多么美好，学习不再辛苦，中国文化精妙传神之处活灵活现地铭刻到脑海之中。

◎看图识字：汉字的艺术魅力

从具体形象的事物到抽象的概念，汉字也具有丰富的表现能力。例如国家的“国”字，最初在青铜文字里写作“或”，上面是“戈”，表示武器，中间是“口”，表示人，下面是“一”，表示归属。国是人们辛勤开辟出来的土地，需要大家守卫。到后来，人们修筑坚固的城墙保卫这片土地，于是“国”字也就有了边框，成为“國”，字形演变多么自然而贴切。

国里面有什么呢？首先是“家”，上面的“宀”表示房屋，下面的“豕”是祭祖时贡献的猪，同宗同族的血亲人群组成了“家”。国和家连在一起，便想到这片土地上有我们的父老乡亲，“朋友来了有好酒，若是那豺狼来了，迎接它的有猎枪”。

春风化雨：家教传你做人之本

魏晋时期有一位思想家叫作嵇康，他的《游仙》诗里写道，“授我自然道，旷若发童蒙”。读图、识字是不够的，还必须由图及义，传授自然之道，学习做人立身之本。何谓“道”？它由走之底和“首”字组成，也就是走一条经过头脑判断选择的道路。孔子《论语·学而》讲：“君子务本，本立而道生。”也就是说，人生须务本，本正了，道路便展现在眼前。就像种树一般，根正了，树才会长好，后面生长出来的是树干上的枝叶。人生初始的家教，就是在正树根，让树苗茁壮，将来自己就能够自如地适应社会，从事各种工作。有些家长不懂这个道理，对于幼儿教育放任自流，没有家教规矩；孩子长大以后，家长才发现不对，再瞎操心，处处指导训斥，反而引起孩子叛逆之心，本末倒置。一个人走出来，言谈举止都能透露其家庭的影子——文化修养与道德信念。

古代的家教对于幼儿教育的进阶，是怎么做的呢？孔子对此说了一段话：“弟子入则孝，出则悌，谨而信，泛爱众，而亲仁。行有余力，则以学文。”（《论语·学而》）显然他并不看重知识灌输，没有在孩子童稚时期就开始学习语文、数学、外文。实际上，在一个人成才的过程中，知识并不占据最重要的地位，修养、人品、胸怀、学识才具有根本意义。我们看那些做成大事业的科学家、人文学者、企业家等，他们的过人之处在于深刻的洞察力和领悟力，而这些能力根植于人文，也就是对于天地、社会和人生的深刻理解。没有这个文化平台，各个学科的知识就变成了纯粹的技能技巧，而难以发挥巨大作用，人也不能成大才。

关于人品修养这些孩童时期必须打下根基的方面，中国古代的家庭文化教育颇有独到之处，如同教汉字，从最基本的方面开始，牵着孩子的手，领着他前行。

前面讲到国与家，在自己的国家里，人们应该和睦相处，相亲相爱。我走遍了中国的所有省份，阅读了许许多多的家谱，将它们汇总起来可以看到，从古至今，家教的文句虽不同，宗旨却基本一致，都是针对从出生、成长到创业、持家的各个阶段，指明必须具备的修养与规矩，包括启蒙、识字、立志、砥砺、读书、做事等方面，培育恭敬、虔诚、勤俭、谦让的品德，知书达礼，兴善除恶，做一个有责任心、事业心，关爱他人，光明坦荡之人。儒家讲“修身、齐家、治国、平天下”，起步是修身，初阶便是家教。家庭和学校的教育互相呼应，核心是培养人，而不是灌输知识。作为中国人，一生必须遵循的基本的道德，凝聚成五个字：仁、义、礼、智、信，称作“五德”。

五德分别是什么意思呢？

“仁”字左边单人旁，表示站立的人；右边为“二”，既用来表示很多人，要懂得处理好人与人的关系；也表示天和地，加上左边的“人”便是天地人三才，人法天地，天性善良，地德忠厚，所以，做人做事要凭着天地良心。人与人怎样才能和睦相处呢？首先要相亲相爱。第二要互让互谅。一个人仁慈谦让，性格必是温良平和。《礼记·儒行》说：“温良者，仁之本也。”一个人十分爱计较，而且脾气很坏，怎么与人相处呢？只有温良、平和、公正，大家才会拥护你，推举你当官，做管理者；有了社会地位以后，懂得关爱百姓，照顾好大家的利益，推行仁政。这就从个人之间的小爱提升到了政治层面的大爱，行仁政者得人，得人者得天下。这里有一个层层提升的过程，家教作为人生初阶，要打下一个今后可以提升的基础。

五德之首为仁，告诉我们教育首先要培养的是对他人的关爱，那就是情商，是团结性。情商高的人助人为乐，善于处理各种纠纷，能够凝聚大家，与人和睦相处。

西周初期，周公辅佐周武王推翻商朝，实际主政，公务十分繁忙，经常有人求见，请他办事。周公再忙，遇到有人上门都出来接见，以至于吃一餐饭就放下几次饭碗，甚至洗澡也一再中断，为了不让客人等待，他只好挽着湿淋淋的头发出来相见。因为他诚恳待人，大家深受感动，无不拥护西周，打下了王朝八百年根基，留下千古传颂的名句：周公吐哺，天下归心。

义是什么意思呢？义字原形为“義”，上面一只羊，下面是我字。在古代，羊用来祭祀上天，我们聚集在一起，把羊献给上天，祈祷什么呢？我们为什么团结在一起呢？不是为了钱，物质利益从来无法长久地凝聚众人。那是什么呢？义是合乎天下合宜之理，也就是大家公认的道理，例如公平、正义、自由，大家以此为理想，为目标而凝聚，而奋斗。在个人关系层面，我们也必须遵循做人的基本原则与美德，例如正直、善良，不能见利忘义，不能做墙头草，随风倒。人们常说做人要有底线，没有底线就会被鄙视为无耻之徒。所以，义体现的是原则性。

礼呢？其原形为“禮”，左边的偏旁表示神，右边表示行礼之器。礼之所以重要，就人事关系而言，在重大场合，人们相聚在一起，必须确定相互之间的位置，才能做到聚众人为一体，否则相互不服气，一盘散沙，乃至内讧。大家在神明面前确立位置，排好队列，从纵向到横向，都应该好好定位，整个团体就秩序井然。所以，礼表现的是秩序性。

智由“知”和“日”字组成，能够洞悉太阳运行之轨迹，阴阳转变之道理，那是最有智慧的人。所以，智包含着知识和思辨，表现的是智商。现代社会，知识主要依靠读书获取，而读书不是靠背，不是靠记忆，不是去堆砌很多知识乃至知识碎片。我们应该把学到的知识融会贯通，形成自己的思辨基础。学习在于提高智商，增进智识悟性。

信字由“人”和“言”构成，做人说话最基本的原则是诚实，不欺诈，不食言，一言既出驷马难追。孔子说：“民无信不立。”（《论语·颜渊》）唐太宗认为国没有信也不立。所以，无论是个人，还是国家，要想在世上立得住，站得稳，就必须言而有信，诚实可靠，这是最基本的立场和原则。古人非常推崇关羽，民间称他为关公，全国各地到处都有关公庙，特别是商业地区，关公成为商人顶礼膜拜的神。很多人感到奇怪，关公并不经商，而是一员武将，怎么会演变成商神，人们到底崇敬他什么呢?

要问关公和商人有什么关系，就应该知道商业最看中的是什么?买卖讲的是童叟无欺，金融凭的是信用，商店靠的是信誉，据此可知，商业之本是诚信。关公感人至深的故事是千里走单骑，至诚至信。

当年，关羽和刘备、张飞在桃园三结义，一起闯荡天下。他们创业非常艰难，屡遭挫折。有一次，刘备和曹操作战，败得很惨，兄弟全打散了，自己孤身逃出去，投靠了称雄河北的袁绍。关公则被曹操紧紧地围在一座山上。曹操爱才，派人劝其投降。关公跟曹操讲条件，约定在不知道刘备下落的情况下暂时投降，一旦打听到刘备的消息，便要重归其麾下。关公真是大丈夫做事，光明磊落。曹操想用高官厚禄打动关羽，封他汉寿亭侯，赏赐许多黄金，一心要留住他。可是，关公并不看重升官发财，日常生活非常俭朴，军务闲暇之时，手不释卷，夜读《春秋》。官渡之战，关公打探到刘备在袁绍身边，正在同曹操作战。他义无反顾，将曹操封赏的金银财宝、将侯印绶全都留下，护送义嫂千里走单骑，回到刘备身边。在群雄纷争、尔虞我诈的东汉末期，关公此举极具震撼性，让人感动得刻骨铭心，正史《三国志》将其事迹记入史册，后来的小说《三国演义》更是大加渲染，添加过五关斩六将的情节，描写得感天动地。诚信是人类依赖的支柱，人有信义，犹如磐石；国有信义，百姓靠山。世人赞颂关公的是他用生命恪守信义的高风亮节，而商业行为表面上看是利益交换，骨子里支撑它的是诚信。所以，关公与商人在根本点上完全一致，越发受到尊崇，乃至成为信义的化身，商业的神明。

◎关公千里走单骑

非常抽象的伦理道德，在汉字神奇的图像壁画上面生动地展示出来，浅显易懂，心悦诚服。小孩子从蒙学当初，快快乐乐地看图识字，毫不经意之间已经接受了深刻的人伦道德教育，学会了为人处世的基本原则。我走过许多家族祠堂，印象深刻的是四壁常有忠孝伦常的图画和文字，一个字，一幅画，一条做人的道理，喜闻乐见，自幼种入心田。家训家教并不僵硬刻板、冰冷严厉，它从最基本的行为准则开始，通过文字和图画，一点一滴、潜移默化地改变着人的思想观念。

读懂汉字，理解汉字，做人的道理已经融会其中。这不仅是方法的问题，更触及教育的核心理念与目标，从童蒙教育开始，通过认识具体的事物，要导向造就怎样一个人的根本之处。我曾经提出，教育要培养独立而健全的人格，理性的批判精神。

咬得菜根，百事可做

培养孩子，要锻炼他们健康的身体，培育坚强的意志，吃苦耐劳，坚韧不拔，将来才能在社会上做事。

孔子曾经说过：“士不可以不弘毅，任重而道远。”人的一生是漫长的，不会总是风和日丽，前面有多少艰难险阻，没有人知道，每个人都要做好迎接挑战的准备。吃苦耐劳是最基础的教育和训练，成为中华民族几千年绵延不绝的优良传统。

吃苦耐劳有两个方面，第一是锻炼雄健的身体，耐得住各种恶劣条件的考验，具备克服困难的体力条件。第二是毅力的锤炼。一个人、一个国家、一个民族，在各种危难中如果不能激发出坚韧不拔的意志，一往无前地战胜困难，便只有失败和灭亡。过于优厚的物质条件往往使人懈怠，而苦难则会磨砺意志。家训中一句朴实鲜活的话，道尽其中真谛，传给我们家教的法宝，让孩子们“咬得菜根”。

北宋临川才子汪革，说过一句名言：“咬得菜根，百事可做。”这句话流传开来，影响很大，据说他自己写过一卷书，就叫作《菜根谈》。当然现在市面上流行很广的《菜根谭》，是明朝还初道人洪应明的作品，书名取自汪革的这句名言。

为什么要咬菜根呢？菜根是大家不吃，直接扔掉的部分。你能够吃，表明你能够吃苦耐劳，还说明你放得下。有些人可以吃苦，却心高气傲，端着做人，放不下。咬菜根就是要我们做平实的普通人，既能吃苦，也能打掉内心的傲慢。

做一个平实的普通人很重要。种过菜的人都知道，培育菜根最紧要，根深且壮，青菜的养分吸收就好，味道十足。做人平实谦和，才能心性淡泊，体会人生真谛。看透红尘，拿得起、放得下的人，遇到大风大浪，必有定力，哪怕在苦厄之中依然坚定操守，保持信仰与乐观，守望雨过天晴。这是咬菜根更深一层的含义。所以说“咬得菜根，百事可做”。

养育孩子，可以粗茶淡饭，却不能缺少砥砺磨炼。

逆境的磨砺：五张羊皮的故事

故天将降大任于是人也，必先苦其心志，劳其筋骨，饿其体肤，空乏其身，行拂乱其所为，所以动心忍性，曾益其所不能。

——《孟子·告子下》

所以上天将要让一个人担当大任的时候，一定会先让他的意志得到磨炼，筋骨经受劳累，身体忍饥挨饿，整个人困苦疲乏，行动遭受困扰挫折，以激励其心志，控制情绪，性格坚韧，增强其所未具备的能力。

孩子成才的要素有很多，从培养的秩序来说，我觉得第一条是身心健康。它包含两个方面，一是身体健康，二是意志坚强，身心过硬，这是最根本的。没有这个基础，遇事则心有余而力不足，往往流于奢谈。

其次要抓什么呢？情商。现代社会不靠单打独斗，更多依靠团队，一起做事，共同发展，所以必须懂得团队的协作性，要求每一个人能够容忍别人、宽容别人、团结别人，这需要有很好的情商。有了健康的身心和好的情商，再加上优良的知识教育，有智商，你就能够做一番事业。

家训注重培养的正是价值观、人生观和世界观。

明白这番道理，就应该自觉地磨砺自己，人才都是从实践中锻炼出来的。孟子曾经讲过历史上那些做出一番事业的大人物，都经历过艰难困苦。例如远古时代的圣人尧、舜、禹，孟子说舜原来耕种于骊山，是个种田人，在耕种中发展起来。另外一位著名政治家傅说，原来是砌墙的泥瓦匠，后来因为才干得到重用。

秦国的崛起与重用股肱之臣百里奚大有关系。百里奚精于诗书文史，才学过人。可是他家很穷，所生活的虞国又等级森严，像他这种贫寒出身的人没有上升的希望。百里奚的妻子杜氏很贤惠，知道百里奚是个人才，非同一般，简直就是旷世奇才，所以杜氏鼓励他到外面去闯世界，同他生命中该遇到的人相逢，成就一番事业。出门那天，百里奚家里已经穷得揭不开锅了，可杜氏大清早起来，把家里仅有的一只下蛋母鸡给杀了，炖成一锅鲜美的佳肴给百里奚吃，送他出门。百里奚非常感动，出去以后游走各国，努力寻找施展才华的机会。可是森严的等级制度让他到处碰壁，一筹莫展，沦落到沿街乞讨。

老天总会垂顾真正有才华的人，机会常常无声无息地降临。有一天，百里奚在要饭的时候遇到了一个朝中做官的人，叫作蹇叔。蹇叔见到百里奚聊了起来，越聊越投机，两个人忘记了身份的差异，也忘记了饥饿。一个乞丐能谈国家大事，论述国家治理，跟自己眼前的处境毫不相干，可知此人胸怀大志。蹇叔和百里奚英雄相惜，谈成了挚友，互相敬重，深知对方是人才。

蹇叔回到朝中，把百里奚推荐给虞国国君，提拔他为大夫，得到一份官差。但是，百里奚不久便发现虞国国君很贪财，看重眼前利益，目光短浅，容易为利所动。

虞国的邻国晋国是大国，早就打算灭掉虞国。晋王用了一条计谋，给虞王送白玉和良马，投其所好，跟他商量，说我要灭掉虢国，可是你们国挡在路中间，所以我想向您借路通过，当然，我会付给您高额的过路费。虞王见钱眼开，马上同意了。百里奚看得清楚，晋国是大国，虞国是小国，他给我们的钱随时都可以收回去。更要命的是我们和小国虢国挨在一块，唇亡齿寒，必须互相支援才能在大国眼皮下生存。现在就为了一点钱财，让晋国把虢国灭了，回头晋国就把孤立的我们给灭了。出于对国家的责任感，百里奚劝谏国王，千万不能同意。虞王根本不听，打开国门，让晋军通过。结果晋国灭了虢国，回师路上顺手把虞国也给灭了，这就是历史上有名的“假途灭虢”的故事。这件事让明白人看出百里奚有远见，是个真正的人才。虞国灭亡，百里奚的命运再次遭遇坎坷。

晋国灭掉虞国，俘虏了百里奚。晋王知道百里奚是人才，要用他为官。但是，百里奚与晋国有灭国之根，他不当晋国的官。晋王就罚他为奴，后来将他作为秦穆公夫人出嫁时陪嫁的奴隶，送到秦国。百里奚半路偷跑，流落到楚国。楚王不知道百里奚是人才，让他去养牛。

秦国的秦穆公是一位励精图治的国王，天天都在想如何让秦国壮大起来。他深知需要有高人相助，听说了百里奚劝谏虞王的事迹，明白他是难得的人才，非常想要他。于是秦穆公打算出重金从楚国将百里奚买回来。秦穆公左右的大臣非常聪明，跟秦穆公讲："千万不能这么做。楚王现在让百里奚养牛，说明他不懂得百里奚的价值，才把他当奴隶使唤。您如果出重金去买他，等于提醒楚王，他一定不会给您。"秦穆公问怎么办，大臣教他给楚王写封信，就说我们这边陪嫁的奴隶跑到楚国，现在我要把这个人追回来，赔偿楚国五张羊皮。五张羊皮就是一个奴隶的身价，楚王一定不会多想。秦穆公照此办理，用五张羊皮把百里奚买了回来。

五张羊皮买回一个国家栋梁级的人才，用市场购物作比方，秦穆公"捡漏"了。捡漏的关键在于有漏可捡。难怪中国古人一直告诫大家，一个人哪怕在困厄逆境之中，也要相信自己，切莫人穷志短，把自己做低贱了，那真没有人会看上你。把逆境当作磨砺，人会变得更加坚强，对事情看得更加透彻，乃成大才。

百里奚来到秦国，秦穆公虚心向他请教。百里奚跟秦穆公说："我是一个亡国之人，能教您什么呢？"但是，他万万没有想到，秦穆公低下国王高贵的头，非常谦虚地讨教治国的道理。百里奚很受感动，真心诚意告诉秦穆公要如何治理国家。秦穆公听取百里奚的建言，立志改革，一步一步把秦国做得强大起来。

孟子讲百里奚的故事，说的是一条道理——人才是磨炼出来的。人一定做具体工作，甚至是最底层的工作，接触社会的方方面面，从实践中脱颖而出，才能成为堪当大任的人。孟子接着讲了一段很有名

◎百里奚养牛

的话："故天将降大任于是人也，必先苦其心志，劳其筋骨，饿其体肤，空乏其身，行拂乱其所为，所以动心忍性，曾益其所不能。"

艰难困苦是一种磨炼，是人成才过程中必须上的一课。可现在有很多人，不明白这个道理，自己很努力，吃苦耐劳，辛辛苦苦做出一番事业；可是他觉得这段路走得太艰辛了，希望孩子不要再吃这份苦，能够安安稳稳继承产业，幸幸福福过日子。其实，这个想法完全错误，造成很多第二代接不上来的现象。有不少这样的人向我诉苦，说公司交给子女以后业绩一路滑坡。中国自从改革开放以来，创业的第一代已经奋斗将近四十年了，纷纷面临接班的问题。依我所见，第二代做得更好的不占多数。为什么出现这种情况呢？最重要的一条就是历练不够。做什么事情不苦呢？你取得成就是因为吃了苦，久经锤炼。你想把这条省略掉，孩子就成不了大事。所以，大家要好好体会孟子说的道理。

慈母败子：溺爱是一副慢性毒药

为人母者，不患不慈，患于知爱而不知教也。古人有言曰："慈母败子。"爱而不教，使沦于不肖，陷于大恶，入于刑辟，归于乱亡。

——［宋］司马光《家范》

身为母亲，不愁不慈爱，反倒要担心她只懂得疼爱子女而不知道管教。古人说："慈母败子。"只是疼爱而不晓得管教，会使孩子变得不肖，甚至犯不赦之重罪，遭受刑罚，身败名裂。

上面这段话出自宋朝政治家、史学家司马光所写的《家范》，也就是一部家规家训。他提醒做父母的人，千万要警惕溺爱子女的问题。娇生惯养的孩子，成才率极低，败己破家的情况十分常见。他们为什么败呢？往往就败在溺爱上。特别是做母亲的心疼孩子，百依百顺却不懂得怎么教育。呵护过于周到，往往调教出来的孩子孱弱而任性，轻易入手的东西不会珍惜，从小受捧不知道感恩，家境优越就容易看不起人，待人轻慢，口无遮拦，如此溺爱长大的孩子大多自私自利，为人不肖，甚至目空一切而张狂，凌侮别人或者触犯法律，结果被人算计，或者锒铛入狱。谁导致的这个悲剧呢？溺爱。

父母是孩子的第一任老师，怎么教育孩子？结果全然不同。

南北朝时期，北方分裂，山东地区的国家叫作北齐。北齐武成帝特别宠爱小儿子琅邪王。琅邪王平时吃喝穿戴都和太子一样，甚至比太子还好。

古代帝制非常讲究等级待遇，太子是国家法定接班人，待遇规格理应高于其他兄弟，这是制度规定。但是，皇帝溺爱小儿子，就让他待遇超标，什么都跟太子看齐，一步都不落。而且，武成帝觉得小儿子特别聪明，整天夸奖他，说这孩子必定会成大才，把小儿子吹得趾高气扬，什么都要跟太子攀比，有光鲜的衣裳，好吃的佳肴，他都要先占。他先有了，然后才有太子的份。这把秩序完全颠倒，规矩也被破坏掉了。

后来，武成帝死了，太子继位当皇帝。皇帝的规格又高了，可是弟弟不干，他从小都跟哥哥平起平坐，现在也要求享受皇帝的待遇，要住皇宫一般的宫殿，那问题就大了。弟弟在朝廷内目中无人，哥哥虽然当了皇帝，却也拿弟弟没有办法。为什么呢？母亲还健在，还为弟弟撑腰，不懂得叫他守规矩。琅邪王越来越猖狂，甚至想要抢哥哥的位置。最后哥哥只好把他捉起来。弟弟还想起兵作乱，哥哥把他镇压了，演出了一幕家庭悲剧，骨肉相残。在这件事情中，应该说父母亲负有最大的责任，溺爱败子。

溺爱孩子的现象，在独生子女的社会比比皆是。因为家家都是独苗，生怕子女不够强壮，于是买来各种营养补品，从小精心喂养，三餐美味佳肴，餐后零食不断。小孩子挑食，喜欢吃西式蛋糕、冰淇淋、油炸烧烤食品，多糖、高蛋白、高脂肪，营养严重过剩。更糟糕的是父母心疼孩子，唯恐他们受苦受累。常常听见父母对人说自家孩子体质不好，百般呵护，使得他们多吃少动，筋骨得不到锻炼，结果看起来白白胖胖，其实筋骨松脆，既没有体力，更没有耐力，跑两步，气喘如牛。以前老年人得的心脑血管病和糖尿病，迅速向年轻人甚至儿童蔓延。东亚国家自古是农业社会，长期以五谷杂粮为主，又经过 20 世纪大半时期的贫苦，在今天经济发展的转型时期，大量增加的西式高糖高脂肪食品，使得东方人在体质上难以适应。所以，年轻人得老年病的现象，在较早发达起来的日本已经相当突出，在我国也出现快速增长的趋势。

最要命的是对孩子一味溺爱，不但物质上要什么给什么，从没让他们体会到每一件东西来之不易；在精神上更是表扬有加，近于吹嘘。幼时背唐诗，便夸作神童；学前能算数，就以为是爱因斯坦再世。夸得孩子心比天高，从小就看不起别人，养成一身孤傲戾气。

这种完全在顺境中培养出来的孩子，“骨脆”且不说，尤其缺乏面对困难和挫折的心理承受能力。当今中国的大学出现世界上难得一见的奇怪景观，周围住满了从各地远道而来的父母，为读大学的子女做饭洗衣，陪读伺候。看似身形高大的孩子，上体育课晒晒太阳便昏厥过去；考试拿不到高分，自愧不如他人，便轻生自杀，越是著名的大学，学生自杀的例子越多，道理就在于他们是温室里的花朵，“胆薄”。这样的孩子，当然在社会上“立脚不得”。

溺爱是无原则的过度呵护，是家教上致命的病，主要的病症有这么几点：

第一，特殊待遇，高人一等。古人家庭以父母为尊，秩序井然，现在几乎颠倒过来，孩子供得像小皇帝，从小不懂得分寸，自高自大。

第二，予求予取，轻易满足。孩子要什么给什么，稍作央求，或者吵闹，马上让步，不明白孩子十分聪明，每一次央求和吵闹都在测试大人的底线，你步步退让，他便得寸进尺，最后家长的所有原则都被击碎。孩子零花钱太多，东西来得太容易，就不懂得珍惜，心理上便没有感恩之心，助长欲求无度的期望。

第三，包办代替，当面袒护。我常常跟年轻的妈妈说，妈妈懒一点，孩子便强一些。为什么父母有些场合要向孩子“示弱”呢？那就是要激发他的责任心和能力。不少父母唯恐孩子吃亏，总是抢在孩子前头包办代替，特别是在孩子做错事情的时候，教育的不同马上表现出来。正确的教育是让孩子自己去承认错误，担起责任；错误的教育则是家长代替孩子道歉。有些父母连这点也做不到，当别人纠正孩子错误的时候，站出来当面袒护，不讲是非，实在没道理了还要指责别人同小孩子计较。这样做的结果是养成孩子没有责任心，不敢担当，处事能力差，上进心不强。

第四，追求享受，生活懒散。生活条件过于舒适，人的惰性就成正比增长，物质条件要最好的，不愿意面对困难，遇事没有恒心，遭遇不顺马上打退堂鼓。心理脆弱，难以承受挫折。大家讲健康，往往重视肉体，却忽视精神，其实心理健康是最重要的。咬菜根也是心理教育，耐得了挫折和委屈，能够自己调理情绪，心理才有承受力。我们看到有很多好学校，招进来的学生都是各地最棒的。可是，好学校学生出心理问题的比例偏高，为什么呢？因为他们从小到大顺风顺水，都在众人的表扬中度过，经不起任何的挫折和委屈。有些根本算不上挫折，例如一个班级招收进来的都是好学生，可是一个学年下来，成绩可能相差几百分。没有人批评过你，你自己却受不了，觉得没面子，心理承受力差，管控不了情绪，心理疾病就产生了。更有甚者，个别人跑去自杀，就因为成绩不好，如此脆弱，叫人叹息不已。

这四条大家可以对照一下，注意避免。教育孩子要从细微之处做起，孩子越小，越难懂得大道理，而日常生活中的点点滴滴却都是最好的教育机会，不可小视，更不能放过。我们常常可以看到父母娇惯放纵孩子的情况。有一次，一对年轻父母带两岁左右的孩子进电梯，不管多少人在，放任孩子乱按电钮，电梯上上下下，他们兴高采烈，还说是让孩子学习，全然不顾别人。当孩子卡在电梯里，父母又去怒骂物业。他们先是不懂得借机会教孩子学规矩，接着更错，让孩子看到蛮不讲理。还有一次，我见到一对夫妻带小孩在商场购物，推车子出来结账，留下一袋大米在车上没有付款，他们让小孩将车推出去。一个孩子的品质或许就因此改变了，学会了贪小便宜，甚至小偷小摸，我心里在想，这孩子总不至于只值得这袋大米的价格吧。

如果宠爱孩子，不加管教，孩子从小就不懂得规矩和礼让，更不会感恩，事事都要别人顺从自己，小时任性，大了就要犯事。我们常常可以看到惯坏的孩子，首先就是他们对父母亲人不好，因为父母宠爱，任其放肆，所以恶待父母没有代价。报纸报道过一件案子，有一个女孩子，小时候父母离婚，她被判给父亲。由于父亲处境贫困，所以将她交给祖母抚养。祖母觉得孙女失去母爱，格外疼她，虽然不富裕，却尽力满足她的要求。由于没有父母管教，而祖母只会宠她，所以女孩子养成了坏脾气。她父亲辛苦工作，挣得一点钱，租了一套公房，祖孙三代住在一起。不料天有不测风云，父亲太操劳了，患病去世。祖母用自己攒下的钱，买下这套房子，想到自己年事已高，房子迟早归孙女，便把所有权登记在孙女名下。孙女长大后，谈恋爱结婚，竟然翻脸要把祖母赶出家门。祖母已经八十多岁了，无处可去，不肯搬走。孙女竟到法院起诉，以祖母侵占其房子为由，要法院判令祖母搬出。当然，法院以违背道德而不予受理。然而，这个案子引起很大的社会反响。

娇惯长大的孩子，害人害己。颜之推在《颜氏家训》中讲了他亲眼所见的事情。南朝有一位学士，十分宠爱孩子，什么都顺着小孩子的意思，一味表扬夸奖，怎么看自家的孩子都聪明过人，偶尔说出一句有道理的话，做父亲的就会高兴得欢呼鼓掌，跑出去告诉街坊邻人，仿佛是上仙下凡。小孩子做错了事，也会拼命替他掩饰，甚至不惜与人吵架。这孩子衣来伸手，饭来张口，对父亲吆喝驱使，长大后对什么人都像使唤其父一般，自命不凡，脾气越来越大。后来，家里通过关系让他到官府里当差，他却眼高手低，成日抱怨，看谁都无能，甚至公开指斥长官，话讲得十分刻薄。他的长官可不好惹，一怒之下，竟把他杀了，剖腹抽肠，死得凄凄惨惨。

南朝没有战争，有一段和平时期，贵族子弟沉醉在安逸生活之中，追求山珍海味，吹嘘不着边际的大话，做空泛无物的诗句，一个个白白胖胖，坐着车马巡游。听到马嘶叫以为是狮子吼，吓得屁滚尿流，根本没办法上战场。这就叫作“骨脆”。“骨脆”的孩子基本上没有用处，担当不了社会工作。“咬得菜根”的真谛在告诉我们，养育孩子，第一要有健壮的体魄；第二要锻炼坚忍的意志。孩子经过磨难才有心理承受力。有时候受委屈也是一种锻炼，跟孩子讲道理是常态，没时间讲道理的时候，偶尔来点强制也是必要的，教育从来不是事事都要开心，没有原则，强制也是服从性的教育。在家里，孩子可以要求事事讲道理，可是，他一旦踏入社会，有很多场合没有时间，甚至没有人跟他讲道理，做工作是根据规则进行的，该怎么做就要怎么做。所以，孩子不但要有讲道理的能力，明辨是非，还要有一个接受挫折和委屈的心理承受力。

严而有慈：规矩和人格的培养

此等世界，骨脆胆薄，一日立脚不得。尔等从未涉世，做好男子，须经磨炼。生于忧患，死于安乐，千古不易之理也。

——［清］孙奇逢《孝友堂家训》

当今的世界，体弱胆怯的人，一天都立足不得。你们从未涉世，要做个好男儿，必须经过磨炼。生于忧患，死于安乐，这是千古不变的至理。

怎么教育孩子呢？百闻不如一见，我们还是来看几个成功的例子吧。

我们先来看著名的文化学者、被称为新文化运动领导人的胡适，母亲是怎么培育他的。

胡适是他父亲老年生下的孩子，一般来说老年得子会特别宠爱。胡适生下来身体比较弱，增加了一分被宠爱的理由。童年时父亲去世，寡妇带着独苗孤儿，寄托全部的希望，更会百般呵护，娇宠万分，这是人之常情。那么，胡适的母亲是怎么做的呢？

胡适成年之后写了一篇很感人的文章回忆母亲，讲到他为什么有所成就，是因为母亲对他严格的教育和要求。胡适写道：

> 我母亲管束我最严，她是慈爱母兼任严父。但她从来不在别人面前骂我一句，打我一下。我做错了事，她只对我一望，我看见了她的严厉眼光，便吓住了，犯的事小，她等到第二天早晨我睡醒时才教训我。犯的事大，她等人静时，关了房门，先责备我，然后行罚，或罚跪，或拧我的肉，无论怎样重罚，总不许我哭出声音来，她教训儿子不是借此出气叫别人听的。

胡适的母亲对孩子很严格，从小立好规矩，什么事当做，什么事不当做，规定清楚。在教育的过程中，她注意给儿子留面子，从来不在外人面前呵斥，但在别人见不到的地方严格管教。

胡适的母亲是个乡下人，没见过太大世面，她所见到的好男人就是逝去的丈夫，所以，她总是用他来激励儿子：

> 每天天刚亮时，我母亲便把我喊醒，叫我披衣坐起。我从不知道她醒来坐了多久了，她看我清醒了，便对我说昨天我做错了什么事，说错了什么话，要我认错，要我用功读书，有时候她对我说父亲的种种好处，她说："你总要踏上你老子的脚步。我一生只晓得这一个完全的人，你要学他，不要跌他的股"（跌股便是丢脸出丑），她说到伤心处，往往掉下泪来，到天大明时，她

才把我的衣服穿好，催我去上早学。学堂门上的锁匙放在先生家里；我先到学堂门口一望，便跑到先生家里去敲门。先生家里有人把锁匙从门缝里递出来，我拿了跑回去，开了门，坐下念生书，十天之中，总有八九天我是第一个去开学堂门的。等到先生来了，我背了生书，才回家吃早饭。

这一段给我们重要的提醒是，读书一定要心静虔诚，否则什么都读不好。为什么要孩子早早去学校，为什么上课的规矩要学生先入课堂坐好，迎候老师呢？课堂是诚心诚意读书学习的地方，你的心不静，吵吵闹闹，对老师毫无尊敬之心，能读到什么呢？做事情的气氛很重要，课堂纪律的实质是营造宁静的气氛，宁静致远，由静生敬。你未必敬师，可你必须尊敬学问。我们看到胡适的母亲虽然不懂得这些，但她要求儿子每天早上去开学堂的门，就是要培养他这么一个心——虔诚的心。

胡适后来成为新文化运动的旗手，担任了许多重要的文化职务，看一看他在北大时期的生活日程表，白天上课、开会，晚饭后接待客人，访问朋友，每天畅谈至夜里十二点，万籁俱寂，这才开始写作，到三四点上床，睡三四个小时，起来工作，中午小睡约一小时。不难看出，胡适的日程很满，工作繁重，但他始终保持着充沛的精力和热情。由此可见，儿童的身体处在发育时期，与其溺爱进补，不如在保证温饱的情形下加强身体和精神方面的教育和磨炼，随着身体发育，孱弱可以变得强壮，但是，缺乏挑战困难的勇气和毅力，肯定不会成为一个承担重任的强者。小时候严格的教育，待到孩子长大后，便会深切体会到对其人生有何等重要，胡适饱含深情地回忆道：

> 我十四岁（其实只有十二岁零二三个月）便离开了她，在这广漠的人海里，独自混了二十多年，没有一个人管束过我。如果我学得了一丝一毫的好脾气，如果我学得了一点点接人待物的和气，如果我能宽恕人，体谅人——我都得感谢我慈爱的母亲。

胡适的母亲让他懂得规矩，让他懂得心里要有一片虔诚之心。这样的人心地纯净，必定能够体谅人、宽容人而熠熠生辉。

一位没有多少文化的农村妇女，能懂得大道理，把孩子培育得这么出色，由此可知中国传统社会的文化积淀有多深，一直渗透到乡村底层，把道德、人品、规矩、知书达礼视为做人之本，而不是轻薄放纵、唯利是图。家教不需要高深的学问，而要有善良的心，堂堂正正，不管农家还是高门，孩子都是赤条条来到人间，从无到有接受教育，有没有好的教养同家境无关，是家教的结果。

晚清中兴名臣曾国藩、李鸿章，他们二位的家庭教育都比较成功。李鸿章的后人出了好几位两院院士，从官宦之家变成一个引领科学前沿的家庭。

曾国藩在晚清中兴时期，不仅带出一支队伍，培养了一大批国家栋梁级的人才，自己的家庭教育也做得很好。他儿子曾纪泽是近代中国最初的外交家，通过学习掌握国际外交的规范、规则，懂得国际法，成功地同俄国交涉，把伊犁给争取回来。另一位儿子曾纪鸿是近代有名的数学家。曾国藩与其兄弟四个家族，绵延 190 多年，出了

240 多位著名人物，可谓人才辈出。这个家族没有出现过纨绔子弟、败家子，更说明其家教非常好。

很多人会关心曾国藩究竟如何教育子弟？教育最根本的是教做人的道理，要陶冶性情，培育善良气质，树立人生目标，在具体实施上要从小处着手。

曾国藩对子弟的第一条要求是“习劳苦”，要勤理家事，严明家规。他的孩子都得做家务，干农活，不能看不起农民，不能不知稼穑艰难，不可以“五谷不分，四体不勤”。在干农活中体会劳动的辛苦，人才能立志，奋发向上。

第二条，孩子在家里一定要严守规矩，谦和有礼，尊敬长辈，和睦族人，破除“骄”与“逸”。人骄了以后就贪图享受，变得慵懒放纵，逐渐堕落。

第三条，从小一定要读书。读书为了什么？为了明理，而不为做官发财。曾国藩不希望孩子带着功利之心去读书。明什么理呢？人生社会的根本原理，用以充实自己，有根有底气。在此基础上兼学一些实用知识，增进才能。前者属于道的层面，是根本；后者属于术的层面，是枝叶。没有道，只讲术，事业做不大，路也走不远。

读书为什么不能过于功利呢？这是一个道和术的选择问题，选择术，或许能够立竿见影，选择道则看重长治久安。有人做过一个统计，官宦之家一般能够延续一两代，然后就没落了；富裕家庭差不多可以维持三四代；倒是在基层勤勤恳恳、谨慎做人的农耕之家，可以维持五六代以上。那些家规严、门风好、有文化、懂礼貌的家族，就要长得多，可以维持十代、二十代。从历史来看，那些百年家族几乎没有例外，都会最终转变为文化家族。文化家族能够绵延不绝，是因为有良好的家风，子女代代成才。所以，曾国藩持家要求孩子必须读书。

第四条，不留家产。曾国藩做大官，清白廉洁，没打算给子女留下万贯家财。中国好多家训讲到，留财给子女，基本上是害了他们。财越丰厚，败家子越多，不但坐吃山空，还养成一身骄逸之气。所以，留财是最糟糕的选择。留财不如把钱财转化为教育孩子，引导他们走正道，掌握一技之长。

“处贵而骄，败之端也。处富而奢，衰之始也。”一个人身处高贵的地位，心骄了，便是失败的发端。一个人很有钱，奢侈了，便是衰落的开始。所以留财不如留书，留钱不如引导孩子走正道。

第五条，子弟不能沾染官宦人家的习气，不能开口便称我爸爸是谁，我家多有权势，盛气凌人，这就是官宦子弟的恶习。其实，一开口便炫耀家庭权势，已经暴露这个人没本事、没志气。

当父母的无不疼爱自己的子女，关键是会不会爱，需要掌握几个要点：

一、“爱之以道，爱得其所。”孩子千万不可溺爱，不可百依百顺。爱要放在明事理上，知晓大是大非，这才是大爱。

二、疼爱孩子的时候一定要爱中有教，寓教于爱，时时处处告诉他们一些规矩、规则。教育不是一次两次就能够完成，需要时时刻刻、随时随地提醒，在一些细小的事情上告诉孩子规矩和方法，让他们从小养成习惯。最好的风度是从习惯而来的。

三、严而有慈。对于孩子的教育该严厉的时候要严厉，不能爱的时候娇惯溺爱，任由孩子使性；生气的时候，棍棒交加，凶神恶煞。家长在孩子面前要做到威而有慈，威严中饱含慈爱；严而有格，批评的时候要有分寸。

曾国藩经历了晚清社会大动荡，看多了官宦家族的沉浮，所以，他在家书里告诫家人：

> 凡家道所以可久矣，不恃一时之官爵，而恃长远之家规；不恃一二人之骤发，而恃大众之维持。老亲旧眷、贫贱族党不可怠慢，待贫者亦与富者一般，当盛时预作衰时所想，自由深固之基矣。

家教从古到今，虽方法不同，但道理一致。

南朝有一员名将叫作王僧辩，统军驰骋疆场数十年，屡立战功。最让人称道的是这位在战场上叱咤风云的将军，性格非常平和，待人接物从不高人一等，说话和气，关心别人，根本看不出他是让敌人闻风丧胆的虎将。而且，王僧辩善于治家，把一个大家族治理得和睦相亲，长辈慈爱，子孙恭敬。人说“家和万事兴”，王僧辩家便是一派欣欣向荣的和气。他为人低调，一再自抑，反而步步高升，当上了朝中位高权重的大司马，位极人臣，满朝文武乃至乡间百姓无不羡慕。

王僧辩有这样的品格是得益于其母良好的教育。他母亲管教孩子很严，从小立规矩，严格执行。他从小就被要求好好学习，守礼谦让，生活俭朴，工作勤恳，助人为乐。母亲告诫王僧辩，要谨慎自抑，有了金钱、权力千万不要拿出来显示，不可居功自傲，待人一定要和气。要知道周边有些人见到你成功，未必高兴，甚至产生嫉恨。

◎王僧辩母亲教子

人家已经非常妒忌了，你还趾高气扬，就很容易遭人陷害，不容易和大家和睦相处。

王僧辩四十多岁当上大将军，仕途当红，也已经身为人父，可母亲对他的要求丝毫没有放松，只要做错了事，母亲一样还会动用家法。因为有严母在内督促，王僧辩当了高官，仍处事谨慎，故一门平安。

古人教子，有大爱和小爱之分。大爱如同胡适、王僧辩的母亲，从大处着眼，教育子女为人大气，不去斤斤计较，团结大家，奋发向上，一身充满阳光。小爱则是对子女百依百顺，生活上呵护得无微不至，唯恐孩子与人相处吃亏，故从小教他们如何用心计，斤斤计较，甚至损人利己。结果孩子吃不了苦，做不了事，与人相处得一塌糊涂。

浅薄的浮华：聪明孩子须用心

子弟朴纯者不足忧，唯聪慧者可忧耳。自古败亡之人，愚钝者十二三，才智者十七八。盖钝者多是安分小心，敬畏不敢妄作，所以鲜败；若小有才智，举动剽轻，百事无恒，放心肆己，而克有终者罕矣。

——［清］张履祥《训子语》

子弟中纯朴者不必担忧，反而是聪明的要小心。自古以来的失败者，愚钝之人只占十分之二三，而聪明才智者占到十分之七八。一般说来，驽钝的人大多安分守己，胆小恭谨，不敢胡作非为，所以很少失败；倒是那些有点小聪明的人，举止轻浮，对什么事情都没有恒心，放纵肆欲，所以少见能够保全善终的。

清朝有一位学者张履祥，写了一部家训叫作《训子语》，讲到生个孩子，如果笨一点、纯朴一点，倒可以放心，不用替他担心太多。如果生下的孩子聪明伶俐，还真需要多担一份心了。为什么呢？因为从历史上看，遭遇挫折失败的十有七八是聪明孩子，纯朴厚道的孩子占不到百分之二三十。这是什么道理呢？愚笨一点、厚道一点的孩子做什么事都小心谨慎，不敢轻易做坏事，少惹事，不惹祸，倒是一生平安。那些仿佛很聪明的孩子，举止轻狂，做事情没有恒心，三分钟热情，又自视很高，很少能够善终。

古人的想法是不是和现代人很不一样呢？现代人都希望生一个聪明伶俐的孩子，能说会道，父母高兴，逢人便夸自己的孩子怎么聪明，还喜欢拿别家孩子做比较，讲自家孩子过人之处，诸如两岁就识字，五岁能写诗，有些吹得神乎其神，诸如神童、伟人再世等，完全不知道古人家训里一再提醒，此类孩子难养，需要格外费心。

家里有个反应慢一点、纯朴一点的孩子，家长看他没别人家孩子机敏，不抱太大期望，家里的教育便没有过多的虚高，一般就告诫孩子，我们多让人点，厚道点，别跟人争。孩子没有逞能好胜之心，做事踏踏实实，不随便惹事，一生平安。这样的孩子成才率更高，往往超出家长的意外。道理其实很简单，专心致志做事一般都能做成，加上小心无大过，一生很少失败。更何况此类孩子中不少是内秀型，不善于表现而已。诸葛亮为什么成功呢？“诸葛一生唯谨慎”。

反应机敏、号称聪明的孩子，经常被人夸奖，他不知道大人夸小孩总是夸大其词，当真来听，心比天高，再和周边的孩子比较，感觉真的聪明许多。小学还没念，汉字就认识好几百个；别人家的孩子 1＋1＝2 都算不清楚，自己都已经在背乘法表了；英语还讲得呱呱叫，脑子特别能够急转弯，越比自我感觉越好。于是内心升起傲气，看不起别人，觉得自己根本不用努力都比别人强。童话里不是讲兔子和乌龟赛跑的故事吗？兔子跑得快，看乌龟慢慢爬，觉得自己躺在那里睡觉都比乌龟快。其实，不懂教育的人任意提前教育的年龄，不知道学龄前的学习是事倍功半，费了很多年，孩子学得很苦，记了一两百个汉字，学了几句英语，一旦进入学习的年龄，别人的孩子虽然没有学这些，从零起步，似乎存在差距，然而这个差距往往在一年之内就会消失，大家都追平了。你用了几年的时间，别人一年半载就赶上来，难道不是事倍功半吗？而这几年你失去了什么呢？失去了很多，比如了解自然，和大自然亲密接触；比如和小朋友一起玩，学习与人相处等；又比如爬树、游泳等各种生存技能，这些孩子作为人成长的方面，时间都被占用了，甚至被忽略掉了。这还没关系，家长和众人的表扬，更加激发他们好高骛远的天性，反而阻碍了他们的成长。

中国古人担心所谓聪明的孩子，外国也一样，大家都认识到一个反应机敏的孩子如果引导得不好，容易夭折。

美国洛克菲勒集团副总裁布雷特恩·塞克顿说："聪明人总以为自己比别人知道得多，这离无所不知也就只一步之遥了。"这可不是一句表扬的话，所谓的"无所不知"其实包含着浅薄的意思，和无知相去不远。

西方有一种看法，认为法兰西人肚子里聪明，西班牙人表面上聪明，前者是真聪明，后者则是假聪明。且不论这个说法是否准确，培根对此评论道："生活中有许多人徒然具有一副聪明的外貌，却并没有聪明的实质——'小聪明，大糊涂'。冷眼看看这种人怎样机关算尽，办出一件件蠢事，简直是令人好笑的。例如有的人似乎特别善于保密，但保密的原因其实只是他们的货色不在阴暗处就拿不出手。这种假聪明的人为了骗取有才干的虚名，简直比破落子弟设法维持一个阔面子的诡计还多。凡这种人，在任何事情上都言过其实，不可大用，因为没有比这种假聪明更误大事的了。”（《培根随笔》）在社会上，要小聪明，逞口舌之快，占别人小便宜的人屡见不鲜，结果落下坏名声，走到哪里大家都敬而远之，真正是精明而不聪明。《红楼梦》里的王熙凤成天工于心计，精明得不得了，结果是“机关算尽太聪明，反送了卿卿性命”。

聪明的孩子，或者自视聪明的孩子，一般有这样几个特点：

第一，自高自大，瞧不起别人，口无遮拦，喜说大话、空话，出言奇险刻薄，常常恶言伤人，从不顾及对方的感受。

第二，内心大多寂寞，尤其是负有聪明之名却没有真才实学的人，唯恐露出破绽被人瞧不起，会想方设法掩饰自己的空虚，容易不择手段造假以抬高自己，自觉或者不自觉地与人拉开距离，落落寡合。

第三，对于同样倨傲的人，反倒气味相投，结成很小的圈子，相互吹捧，傲视天下。

清初著名散文家魏禧写的家训《寄儿子世侃书》曾经告诫家人，聪明不用在正道上，往往身败名裂，甚至有杀身之祸。

（聪明）若用于不正，则适足以长傲，饰非助恶，归于杀身而败名。不然，即用于无益事，小若了了，稍长，锋颖消亡，一事无成，终归废物而已。

——［清］魏禧《寄儿子世侃书》

聪明如果不用在正道上，反而助长其骄傲，掩饰错误、做坏事，最终身败名裂。不然就是小时候聪明，随着年岁稍长，聪明敏捷渐渐消失，一事无成，最终成为废物。

小聪明与真智慧：孔融、杨修和荀彧

汉魏之际的孔融和杨修就是典型的例子。

孔融，是孔子的后人。杨修，是前面介绍过的东汉“关西孔子”杨震的玄孙。这两个人家庭教育都很好，从小饱读诗书，领悟力很强，小时候已经有了神童的名声，长大后更以聪明行走于世间，成为名士。出身高门，虽然得了很多先天之利，但也有不少坏处。因为家门受人敬仰，自己不懂得自谦，便飘飘然。经济上不缺钱，大手大脚不知节俭，生活奢侈，很容易崇尚浮华，徒有其表。有些高门子弟为了掩饰内心的空虚脆弱，行为上放荡不羁，桀骜不驯，故作惊奇，显示与众不同，所以经常有些奇异的举动，试图惊世骇俗，显得潇洒和有风度。

魏晋时期谈玄成风，名士清谈，手持麈尾，比拼智力。在名士中，杨修绝顶聪明。他在曹操手下当官，署仓曹属主簿，也就是主管仓谷后勤。杨修怎么会对这等官职感到满意？他心气高着呢。恃才傲物的人最容易轻视上级，杨修鄙视曹操，因为曹操是宦官的孙子，杨修很不服气。

曹操的爷爷曹腾，是东汉后期的大宦官。宦官被人家看不起，哪怕权力再大，家人还是遭人鄙视，曹操在家世出身上吃了很多亏。其实曹操这个人从小就有大志，想做大事业。他为人大气，相当豁达，常常流露出真性情，比如好酒、好色，他写过吟咏美酒的诗歌，诸如“对酒当歌，人生几何？”世间流传他发动赤壁之战是为了争夺江东美女二乔，虽然是市井段子之类，却流传甚广。把这三条联系起来：宦官、贪酒、好色，大家脑海里会出现什么形象呢？杨修对于曹操颇为不屑，所以，更要在其面前卖弄才学，隐含轻视。

曹操主政，强调勤俭朴实，反对浮华奢靡。他修个园子，工人不知道曹操的政治主张，以为曹操这么大的官，园子一定要宽阔精美，用心打造，修好之后请曹操来验收。曹操进来，匆匆走了一圈就出去了，什么也没说，只在门上留下一个“活”字。这个字跟园子一点边都沾不上，到底怎么回事？工匠愁眉苦脸，不知如何是好。杨修在旁边看着，哈哈大笑，说道：“你们真蠢啊，还不懂吗？活写在门上，就是活加门框，那不就是‘阔’字吗？曹操在批评你们奢侈啊。”工匠恍然大悟，赶快整改，把园子改得俭朴，门修小了，再请曹操来。曹操看后，给予肯定，顺便问是哪一位明白自己的意思的。众人说是杨修，于是曹操觉得杨修挺聪明的。

曹操爱才，赞赏杨修领悟力高。但是紧接着曹操就体会到这种小聪明的人身上的轻浮和自高自大。有一次，有人给曹操送点心，很好吃的饼，曹操正好要外出，又惦记着这盒饼，便提笔在饼盒上写了“一合酥”三个字。曹操走后，杨修进来一看，便招呼大家过来吃饼，

◎一合酥

吃个精光。曹操回来要吃饼，却只剩个空盒子，能不生气吗？可杨修也讲出一番道理来，他说："您亲手写的'一合酥'，不就是一人一口酥嘛，所以是您吩咐我们吃的。"真是得了便宜还要卖乖，噎得曹操没话说。杨修嘲弄了曹操，表面上赢得很体面，可曹操内心里已经记下来了，觉得杨修轻浮，小聪明犯规矩，伤了领导的面子。

接下来又发生了好几件事情。曹操远征，行军途中路过著名的曹娥碑，这是书法史上非常有名的汉碑，碑后面有汉朝大学者蔡邕对碑文书法的点评："黄绢幼妇，外孙齑臼。"什么意思呢？这是出了一道谜语，考观者的智商。曹操对着八个字沉吟半晌，杨修心里发笑："这还不懂？"便要说出谜底，曹操制止他，说让我来猜猜。曹操走了很久，才慢慢悟出来。曹操以聪明著称，但他脑子反应还是没有杨修快。他回首和杨修对谜底，杨修颇为得意地说道："这很简单，黄绢是有色的丝，丝加色就是'绝'。幼妇是少女，少同女合在一起不就是个'妙'字吗？外孙是什么人呢？女儿生的儿子，女加子便是'好'字。至于齑臼，齑是蒜，臼用来捣蒜，臼承受蒜粉，而蒜是辛辣的东西，所以一个受加一个辛便是'辤（辞）'。几个字合在一起，蔡邕赞美这块碑为'绝妙好辞'。"杨修看一眼就反应过来，曹操需要想半天。杨修跟在曹操后头，心里非常得意，那种趾高气扬、轻视曹操的神态，曹操都看在眼里。他当众解释，很丢曹操的面子。这回曹操心里已经暗怒了，得找个机会出这口气。

曹操在赤壁同孙刘联军作战，两军相持，进不得，退也不是，颇为尴尬。有一天，士兵向曹操请示当晚部队哨兵的口令，曹操正在吃鸡，瞧着桌上一块鸡肋，脱口就说："鸡肋。"杨修听到口令后，马上告诉身边的人，说大家打点行李回家吧。大家问他什么道理，杨修说："曹操传下来的口令是鸡肋，鸡肋是吃起来没味道，丢了又可惜的东西。咱们现在的处境不就是这样吗？进不得，退又没面子，所以肯定会退兵。"大家认为，杨修每次都能猜对曹操的意思，所以打点行装，准备撤退。曹操听到这情况，动怒了。杨修这是在败坏士气，就将杨修拉出去杀了。

杨修做的这些事情，全是在卖弄小聪明，夸夸其谈，炫耀才华。其实，杨修并不是一个真正聪明的人。像他这种小聪明，喜欢争风吃醋，逞口舌之快，凭着自己一点小聪明看不起人，往往招惹的都是祸害。

和杨修气味相投的是孔融。孔融是孔子的二十世孙，幼年就很有名。大家都很熟悉孔融让梨的故事，小时候把梨让给别人，多好！所以他从小就被捧起来，以聪明著称。他的聪明反映在哪里呢？机敏，脑子反应飞快。他十岁的时候已经成为李膺家的座上客。李膺是东汉高官，和杨震一样，是东汉清流官员的领袖，被世人尊为天下楷模，大家争相学习他，做一个有学问、有人品、有道德号召力的官员。李膺在社会上受到的尊重非常高，官员士人都想和他交往，能够进他的家门号称"登龙门"。这么难进的龙门，孔融十岁就进去了，可见李膺非常赏识他。

孔融在李膺家往往语惊四座。当时有一位清流名士，也是很有学养的人，看到孔融以后，告诫他："孩子小时候聪明，长大未必会成才。"这其实是对他的劝诫，聪明的孩子要沉得住气，才能成大才。孔融当场就回应道："我看你小时候一定很聪明。"实际上，他根本没听进人家善意的告诫，就会逞口舌之快，甚至连辈分都不顾，没有对长辈起码的尊重。

曹操主政期间禁酒，提倡俭朴。孔融好酒，便写文章讥讽曹操。他根本不知道曹操所做的改革是冲着东汉后期的腐败与奢靡，他要刹住这股歪风。东汉后期很多官僚权势家族垄断了官场，使得社会底层的平民升不上来，社会阶层流动的渠道被堵死，权贵之家垄断了整个社会利益，曹操要打破这个利益格局。曹操做的这些改革，孔融根本没看懂，反而在旁边冷嘲热讽，自以为很有本事，高谈阔论。孔融主政青州期间，袁绍来争夺，派儿子袁谭把青州包围起来。战争爆发，仗打得很激烈。孔融在做什么呢？他根本没有指挥作战的能力，天天在衙门里高谈阔论，读书吟诵，全然不把军务当回事，玩世不恭。这种人主持战局，青州怎么守得住呢？很快被攻破了，孔融落荒而逃，狼狈不堪。这种人志大才疏，瞧不起别人，自以为是，其实什么都做不了。他还自命清高，要澄清政治，在几处做地方官，对贪官污吏、土豪地痞一个都治不了。所以，他走到哪里都没政绩。就这么个人，还要整天批评曹操，阻碍改革，终于让曹操逮到机会将他杀了，还拖累了整个孔氏家族。

孔融的事例再一次提醒人们，有个聪明的孩子，做父母的要特别用心。这种孩子在智力上不用担心，但是要担心什么呢？要让他沉得下来，不要随便表扬，助长他的傲气。要教育他懂得自谦，做事刻苦，尊重别人，专心学习。就学习而言，兴趣是最大的动力。聪明的孩子好奇心强，容易产生兴趣，可是他们的问题是兴趣总变，天天都有新兴趣，天天在变，三分钟热情，这种人肯定成不了事。孩子对事物产生兴趣，应该尊重和鼓励，但是要注意培养他们坚持不懈。有一个学术兴趣，应该用一生去揭示，把想到的东西做出来，将想象变成现实，这样的聪明才有用武之地，把小聪明引导培育成大智慧。至于反应迅速，脑筋急转弯这类小聪明，真的称不上聪明。如果和杨修、孔融相比，三国时代还是出了不少智慧之人的。

曹操的军师叫作荀彧，这个人出生在颍川，就是现在的河南许昌市。他祖父生了八个儿子，个个聪明，人称“八龙”。他本人从小读书静修。聪明人能不能沉得住，注重内在的修习，至关重要。只有修心才能沉得住，坐得稳，不跟着世风一起飘。不要做浮尘，吹在半空中；要像磐石一样沉稳，这样才能看透很多事情。如果你没有定力，就难以产生智慧。荀彧小时候不仅聪明，有很高的领悟力，而且为人深沉寡言。成年以后，书读多了，他就在颍川当地做地方官。他看清时局变化，料定东汉政权维持不下去，便辞官而去。当时想做官的人很多，好不容易求得一官半职，怎么说不当就不当了呢？许多人看不明白。荀彧告诉家里人和乡村父老，赶快做准备，离开这个地方。为什么呢？因为政局将要大变，一旦天下动荡，颍川守不住。大家知道河南是农业大省，那就是因为河南地势平坦，土壤肥沃，而平地恰好无险可守。颍川富饶，物产丰富，养育了很多人才，形成一个个名门大族，动乱起来，便会成为掠夺的目标，首先遭到攻击。

显然荀彧不是一个读死书的人，他能把山川地理形胜同国家时局结合在一起，研判未来趋势，看得清楚。果然，河南很快成为战场，颍川被袁绍攻下，荀彧到了河北，在袁绍手下做事。袁绍是当年有名的清流领袖。袁家号称“四世五公”，也就是四代人之间出了五个位居三公的高官。三公是朝廷最高官位，可见袁家何其显赫。这个家族在河北以文化著称，培养了很多学生，这些学生当了官，故袁家号称“门生义故半天下”。世人对袁绍趋之若鹜，很多人都看好他。但是，荀彧在旁边冷静观察，看穿袁绍成不了事，便离他而去。后来，荀彧遇到了曹操。很多人看不起的曹操，荀彧反而判断他能做事，从此跟随他。曹操很赞赏荀彧，说自己得到荀彧仿佛得到了张良，将他同西汉刘邦的军师张良相提并论，评价极高。

曹操平定河南，同河北的袁绍形成对抗之势。袁绍想趁着曹操羽翼未丰，将他灭掉，遂提兵南下，发动了历史上有名的官渡之战。曹操同袁绍双方力量对比悬殊。袁绍号称 20 万大军，实际到达前线有 10 多万人。曹操拼尽了有生力量拉到前线防御袁绍，实际上到达的只有 3 万人。双方总兵力对比呈 1∶3 到 1∶4。袁绍有一个辽阔的河北做后方，粮食充足，后顾无忧。曹操所处的河南是四战之地，没有多少险要可守。四周围着一批看不起他，甚至想趁机打劫的豪杰，强敌环伺，后方不稳，更严峻的是没有粮食。所以，从双方的各项条件做分析，曹操失败几乎是大概率的事件。当时最负盛名的名士孔融出场了，他不敢直接跟曹操讲，就找到曹操的军师荀彧，跟他讲这一仗曹军必败，军力、地利、粮食都相差太远，人力和智力也不对等。袁绍手下文臣武将个个大名鼎鼎，我们比不上。孔融的办法就是趁着还没开打，赶快投降吧。没开打还有筹码可以谈条件，开战之后就由不得你了。荀彧笑了，跟孔融说：“你错了，这一仗我们不但可以打，而且能赢。”什么道理呢？荀彧曾经跟曹操分析过，说袁绍南下不用害怕，有四个方面曹操比袁绍强。

第一，古今成败，关键在于能不能得人。有人，弱能变强；没人，强会变弱。所以，强弱转化在于人。现在双方的主帅，也就是曹操和袁绍，做个对比：袁绍外表潇洒、宽厚，其实内心嫉才狭隘，猜疑部下；曹操则不拘小节，能够看人优点，用人所长。所以，曹操的气度胜过袁绍。第二，袁绍想事情瞻前顾后，没有决断力，属于优柔寡断型；曹操每逢大事能够迅速做出决断，而且随机应变，属于多谋善断型。所以，曹操的谋略胜过袁绍。第三，袁绍军队虽多，但治军不严，法令不力，故兵虽多却难用。曹操治军法令严明，赏罚必行，故士兵虽少但战斗力旺盛。所以，曹军的武勇胜过袁军。第四，袁绍出身名门世家，有聪明的声誉，所以他要处处掩饰自己，沽名钓誉。归附他的那些所谓的治世能人，大多是看不透本质的人，属于好名之徒。曹操则待人诚恳，推心置腹，用人不疑，处事勤俭。所以，曹操的德胜过袁绍。度、谋、武、德四个方面，曹操都超过袁绍，因此，曹军可以取胜。

从孔融和荀彧对于官渡之战的分析，大家应该能够看明白真正的人才是什么样子：沉住气，看得透，对事情有远虑，而不是耍小聪明。

古人家训一直告诫家长要特别留心聪明的孩子，这是从无数的教训中得出来的经验。宋朝的苏东坡以聪明著称，很少人能够企及，故年轻时也喜欢与人争胜，吃了不少亏。相传他后来给新生婴儿致贺时，写了这样一首颇具警诫意味的诗：

人皆养子望聪明，我被聪明误一生。

惟愿孩儿愚且鲁，无灾无难到公卿。

君子务本：品德、胸怀、见识与才干

教育要教人最基本的东西，古代讲“六艺”，就是最基本的生存本领，它包括礼、乐、射、御、书、数六个方面。从这六个基本科目可以知道，中国古代教育的优良传统是强调知行合一，不做空泛之论，也不停留于听讲，与其坐而论道，不如起而行之，只有亲身实践才能真正掌握。

六艺以礼乐为本。孔门四科分别是德行、语言、政事、文学，以德行为首。德是基于对天地人生本质性认识而提炼出来的为人基本素养与规范，没有对于事物本质的深刻认识就不能产生智慧，人们就难于同生存环境相适应。德不是抽象空洞令人生厌的说教，整天谈高尚，制定人们无法做到的超高标准去要求芸芸众生，诸如“饿死事小，失节事大”“存天理，灭人欲”之类。德首先是可以操作的规范，孔子将它化成与人相处时的规则——礼。

德体现在对众人的关心爱护，与人相处的谦虚礼让，自身做人的正直正派。礼讲究公平公正的处世规则，一视同仁，依据规则法律，人人平等。失去规则的所谓“德”，律人不律己的高调说教，往往是罪恶的渊薮。“己所不欲勿施于人”，便是德的核心精神与底线。

在此基础上，学习的目的最重要的不是知识的堆砌，而是见识的提高和领悟力的增强，对人与事有同情的理解。看透本质，处理事情的才能便得到很大的提高。

德随量进，量由识长。故欲厚其德，不可不弘其量；欲弘其量，不可不大其识。

——［明］洪应明《菜根谭》

人的品德随着胸怀而提升，胸怀因见识而扩大，所以想要提升品德，就不能不扩大胸怀，要扩大胸怀就不能不增长见识。

学习要务本，犹如种树，护好根才能长成参天大树。学习从哪里做起呢？《菜根谭》提出“德随量进，量由识长”的次第。什么意思呢？就是要从德入手，积善积德，作为人生学习的根基。德怎么积呢？是随着心量而增长，所以要开拓胸怀。胸怀是与见识同步增长的，所以必须读书以提高见识。一环套一环，循序渐进，讲出教育与学习的根本道理。

倒过来说，学习重在提升见地，眼界高了，对于现世具体利益便看得不那么重，人逐渐超脱俗笼，胸怀变大，容纳的东西就多起来。人们常问世界有多大？我觉得在问这个问题之前，应该先问问自己的胸怀有多宽。只有装得进胸里的才是属于你的，如果装不进，这个世界再小你也兜不住。所以，心量有多大，世界便有多大。

人不是生来就有德、有量、有才、有见识的，如果有人对你讲世上有这等具有德、量、才、识的人，那一定是神化塑造出来的。这四个方面的拓展，是一个发展的过程，伴随一生，不断提升。家教就是要告诉我们这个道理，锻造可塑之身。

摒弃权术：唐太宗的进境

中国历史上有一位被称为“千古一帝”的皇帝——唐太宗李世民，他的气量、格局、眼界在中国历史上首屈一指。然而，他并不是与生俱来的伟人，其身上可以看到成长的经历。

“玄武门之变”以后，唐太宗实际上已经掌权，只是还没有登基称帝。这时候他想自己手下这么多官员，其中一定有贪官污吏，怎么将他们揭发出来呢？于是，他派手下人给官员们行贿，果然有官员收受贿赂，罪证俱在，拘押判刑。这时候朝中大臣对唐太宗讲：“这刑不能判。为什么呢？是您诱人犯罪，这种手段使不得。”唐太宗从这件事情吸取了教训，不能耍手段、搞阴谋、挖陷阱去整肃非法，这样做不光明正大，会人人自危。

几个月以后，李世民登基称帝。他用人讲五湖四海，任用的大臣没有多少是最初追随自己的人。换言之，他在人事上并不以人划线，手下大部分官员是在平定全国的过程中从各大政治集团争取吸收过来的一流人才，堪称人才济济。但是，如果按照政治出身而论，这些官员没有多少是自己人，更多是来自敌人阵营的官员。看到这种情况，有人替他捏一把汗，感到危险。

这时有一个人跑来跟唐太宗说："您手下好些人真实面目不清楚，有贪官污吏，也有阴谋家、野心家，您得小心啊。"唐太宗跟他说："自古以来以识人为难，所以我相信手下有这样的人，但是我看不出来。"于是，这人就教他用手段将他们勾出洞来，暴露真面目。唐太宗拒绝了他，对他说："现在我提倡以德治国，如果采用你的办法，等于用阴谋手段驾驭部下。你的招数相信能够成功，会有人被你引诱上钩。但是，后果是什么呢？那就是从此没有人敢相信我了。以后不管我做什么事，人家都会怀疑皇上后面有阴谋。诚信破产了，还能走多远呢？"

把上述两件事连在一起看，同样一个唐太宗，相隔的时间不长，但是他的认识上了一个大台阶，有很大的提升。从最初诱人犯罪到后来拒绝要阴谋手段，判若两人。为什么发生那么大的变化呢？见识高了、眼界宽了。"玄武门之变"的时候，他基本上还是一个打天下的人，用兵争胜负，更多考虑的是很具体的战术策略，兵不厌诈，习惯于用技术手段快速解决问题。中国古代的各家学说，尤其是法家，特别讲究驭人之术，权术手段一套又一套。唐太宗经过了上述第一件事，听取大臣劝谏，深明治国不能用术，而要用道。到了第二件事，唐太宗认识深刻了，恍若脱胎换骨一般，摒弃权术，用正道堂堂正正统率部下，堂堂正正治国。经过治国的政治历练，唐太宗感慨万千，说自己看不起曹操。为什么呢？因为此人虽然很有能力，也有抱负，但是一辈子都用权术治国，没有转入正道。

人是会变的，不是沉沦，便是提升。提升的途径在于增长见识，开拓胸怀。很多事情不在于当时能否处理得了，有远见的人一定会考虑其后果与长远的影响，境界就提高了。从法家注重的具体权术，悟出更具有根本意义的治国之道，站在这样的高度上处理事情，国家才能长治久安。培养一个人，要从开拓胸怀开始，有仁爱之心，能够宽容他人，切莫视野短浅，心胸狭隘。

汉朝曾经派遣使者到夜郎国，也就是今日贵州一带。夜郎国王问汉使："汉朝有多大？有我们夜郎国大吗？"汉使回来向朝廷禀报，传为笑话，这就是成语"夜郎自大"的来历。为什么夜郎自大呢？因为夜郎国能见到的天地就丁点大小，没见过世面。如果他们到外面见识天地，就能知道原来世界是如此宽广。拓展视野为什么要读历史呢？因为几千年历史是一流人才所作所为的记录，读懂了他们得失成败的经验教训，等于这些能人替你在前面探路，让你看明白许许多多的事情。站在巨人的肩膀上，借助他们的眼睛，眺望几千年的社会变迁，心里那种傲气、狭隘和浅薄都会消失掉。读史能够让人明志，让人深沉。见过大风大浪，还会拘泥于茶杯里的风波吗？

开阔视野、增长见识的方法，第一是读书学习。好的书籍是前人智慧的结晶。但是，仅仅读书还远远不够，必须有第二条，就是在社会实践中亲力亲为，有切身的领悟。这两者不可偏废，所以，中国古人说"读万卷书，行万里路"。见识宽广，心胸就开阔，人的格调也提高了。

德才兼备：人才观的拨乱反正

德者才之主，才者德之奴。有才无德，如家无主而奴用事矣，几何不魍魉而猖狂。

——［明］洪应明《菜根谭》

德是才的主人，才是德的奴仆。有才而无德，就像是家庭没有主人，奴仆管事，怎不妖魔乱舞而猖狂呢？

德厚识远，很多问题便迎刃而解。德和才的关系，哪个为主呢？毫无疑问，以德为主。达到这个认识，曾经有过一段曲折反复的过程。

中国古代一直认为德和才是统一体，无德何来才？所以在选拔人才上采取综合考察，重点看品德。例如汉朝铨选科目的孝廉、贤良方正，显然是考察品行；还有“光禄四行”，考察质朴、敦厚、逊让、有行（或作节俭）四个方面，也是人品。这意味着古代王朝深知，当官掌握各种社会资源，如果做坏事，危害很大。就不说对老百姓负责，哪怕出于王朝稳定考虑，也得选厚道人当官，大不了能力差一点，却不会造成祸害。所以，选拔官员时不会单独考察“才”。

东汉末年三国时代，发生了一场关于德和才的大辩论。挑起这场辩论的是曹操，他当时提出一个很有名的命题，叫作“才性论”。才就是才干、才华；性就是品性、道德。才性就是才和德的关系。曹操第一次明确提出人身上有两个方面——才和德。在他看来，才和德不可兼得，它们是水火不容的关系。有德的人基本上是饭桶，有才的人品德大有疵瑕，甚至是缺德，德才不两立。那么，曹操选择什么呢？他提倡大批提拔有才干的人，号召大力破除道德，标榜“唯才是举”的用人原则。唯才就是只重才，这是针对德，意思是破除旧道德，只看重才干。在这个口号下，曹操建立了一套官吏铨选制度，历史上称作“九品中正制”。曹操的人才观，很多人不同意。在当时，这不是学术讨论而是政治立场问题，不认同德才对立就不是曹操的人，不予任用。作为实际主政者，曹操一再颁布《求贤诏》，申明其用人原则，其中举了不少例子证明德和才不可兼备。

比如曹操提到的吴起，是战国时期非常著名的军事家、百战百胜的将军，还是一位军事理论家，写了《吴子兵法》。在相当长的时期里，大凡带兵打仗的人都读《吴子兵法》，一直到汉朝以后，人们还常常提到“吴孙兵法”，亦即吴子和孙子的兵法，吴子列在孙子之前，可见其受重视的程度。

有一年，吴起在鲁国。鲁国的邻邦齐是个大国，富裕、强大。大国常常欺侮小国，这一次齐国又来进攻鲁国，鲁军节节败退。吴起内心暗喜，因为鲁王必须用他才能扭转战局。有人向鲁王推荐吴起，鲁王很高兴，准备起用他。就在这个节骨眼上，又有人跟鲁王说：“不能用吴起，因为他媳妇是齐国人，怎么会忠诚于鲁国呢？”鲁王有顾虑，不敢用吴起。吴起等了好几天没有消息，觉得有问题。他去打听，马上解决这个障碍。他怎么做呢？回家就把媳妇给杀了，然后去求见鲁王，说道：“您是不是因为我媳妇是齐国人的缘故而不用我？现在我把她杀了，您看我忠诚吗？可以用吗？”吴起就这么获得了任用。他的确有本事，打败了齐军。可是，班师回朝时，没人把他当英雄欢迎，反而鄙视他。大家觉得吴起这个人没品，为了当官，老婆说杀就杀，什么都能出卖，不知道什么时候也会被他出卖。古人很聪明，懂得小人最多只能利用，切不可重用。所以，吴起的日子有些难过，不管他走到哪一国，人家都了解他的为人，要打仗的时候用他，打完仗安排个没有什么实权的高官让他当当，挂起来。

曹操举吴起做例子，证明德才不两立。那些有德的人打不赢仗，而打胜仗的吴起则品德有亏。曹操还列举了好多有才无德的人来说事，这里不一一介绍了。自从曹操提出德才对立的人才观以后，相当长的时间内统治者接受其观点，把德和才割裂开来，选有才干的人当官。所谓唯才是举的时期，恰好是中国战乱不休，大分裂、大动乱的时期，政坛上各种背信弃义、叛变出卖的闹剧层出不穷，做人的底线一再被突破，刻薄、阴险、残忍的手段一个比一个狠。从东汉瓦解到唐朝建立，长达四百多年的分裂是空前绝后的，原因很多，其中重用没底线的人无疑是很重要的一条。历史证明“唯才是举”颠覆了正派的人才观，是一大乱政。

唐朝建立以后，方方面面拨乱反正，在官吏铨选上摒弃了“唯才是举”的九品中正制，恢复到德才兼备的正轨上，树立“唯贤是举”的用人原则。用人上的惨痛教训，唐代之后的历代王朝都认真吸取。北宋政治家、历史学家司马光总结历史，论述德与才的关系。他将聪明、刚毅、明察秋毫称为才；将正直、公正、仁慈、和善称为德。一个人德才兼备称为圣人，无德无才叫作愚人，德超过才称作君子，才胜于德叫作小人。真正德才俱佳的圣人很少见，那么在君子和小人之间做选择的话，必须坚定不移地任用德胜于才的人。如果实在找不到德胜于才的人，即便用无德无才的人也不能用才胜于德的人。为什么呢？无德无才最多就是没本事，但他起码还小心谨慎，不会做坏事、惹大祸。选用官员尤其要小心，因为不是一般人做坏事，官员手上有资源，利用国家机器做坏事，所以后果非常严重。何况这些才胜于德的人，也许有过人的本事，脑子机灵，上级还不见得对付得了他们，甚至被他出卖了、颠覆政变了都难说。有鉴于此，司马光非常强调在用人方面一定要重视德。

前面摘引的家训说，“德者才之主，才者德之奴”，是从千年历史总结出来的智慧。德是做人做事的根本。回顾近几十年经济发展的道路，我们从百废待兴的萧条状态下起步，迫切希望快速成功，所以最初是激烈的价格竞争阶段，盗版、低劣的产品充斥市场。第二个阶段，伪劣产品逐渐卖不动了，开始注意质量，讲究服务。第三个阶段，在经济发展起来以后，竞争已经变成是比拼信誉、信用、信任，还想继续用坑蒙拐骗的手段做生意的就会被淘汰，在眼花缭乱的商品中，人们不再奔向低价，而是首选品牌。这个过程让人领悟到市场经济的础石是诚信，过硬的竞争是品德。今后的市场，单方面获利的模式也将式微，必须是平等互利，讲究的还是德。显然，德将越来越受重视。以利益交换为基础的市场是如此，人与人、单位与单位的关系更是如此。这是社会进步的大趋势。

◎君子青竹

宁静致远：诸葛亮教子

夫君子之行，静以修身，俭以养德。非淡泊无以明志，非宁静无以致远。夫学须静也，才须学也。非学无以广才，非志无以成学。慆慢则不能励精，险躁则不能冶性，年与时驰，意与日去，遂成枯落，多不接世，悲守穷庐，将复何及！

——［三国］诸葛亮《诫子书》

君子的操守，宁静以修身，勤俭以养德。不恬淡寡欲就不能明确志向，不清静专心就不能实现远大理想。对于学习而言，需要有静气；对于才干来说，需要多学习。不学习就无法增长才能，没有志向就不能笃学有成。散漫不能激励精进，偏激浮躁不能陶冶性情。年华随时光流逝，志向与日子消磨，最终枯萎凋零，大多于世无益，悲伤地守着破落的家屋，还能做什么呢？

内在修为很重要，外面尘世很功利，这是一对矛盾，懂得选择本身就是修炼。

几乎每个人在成长的时期都会在内心里自我激励，书写理想，豪言壮语，可是一走入社会，很快就经受不住各种诱惑，金钱名利，娱乐享受等，于是我们对自己说，明天再努力，今天先玩一把。天天想着明天再努力，时光流逝不再来，人便安于现状，最多是年纪大了以后讲讲昔日情怀，说说年轻才华，但愿来生出道。恐怕大多数的人生是这么走过去的，所以学会在喧嚣的尘世沉静下来，选择自我修炼是至关重要的。这不仅针对青少年，而是对人生各个时期都如此。其实，人生就是不断选择的过程。

如何在尘世中沉静下来，充实自己的内涵，提升格调呢？三国时代的诸葛亮写了一封传诵千年的家信《诫子书》，摘引在上面。在这封信里，诸葛亮告诉儿子要珍惜时间，懂得沉静才能修炼自我，让心静下来，才能养德，孟子说养我浩然正气。养气一定要淡泊，把这个世界上的风花雪月、灯红酒绿看淡、看破，气才不会上下乱窜，能够沉下来、凝聚住。人定了才能够超然物外，客观冷静去分析和思考，想清楚这个世界到底是怎样的，你要做什么样的人，选择什么样的生活。想要得到尊重，那要先尊重别人；想要功名利禄，那要先利益众人。孔子讲过这个道理："己欲立而立人，己欲达而达人。"（《论语·雍也》）世间上没有片面索取的事，推人及己，平等互利才能走得远，这样的人一生平安。如果再上一个境界，做一个有公心的人，关心天下，利人济世，"先天下之忧而忧，后天下之乐而乐"（范仲淹《岳阳楼记》），那是做大事业的人。

相反，被功利包围着，非常看重眼前利益，斤斤计较，这样的人也能做出一番事业，但是，挫折的概率高，而且不容易做大。我看到一些很有才华的人，因为想不开，心胸不宽阔，限制了自己的才华与事业。

这些年国内一流大学部分采用自主招生，从全国最好的高中选拔优秀的学生，避免仅凭一张试卷做决定，更加综合全面地考察和选拔人才。自主招生一个重要的方式是面试，面对面，近距离交流观察，让学生能够将自己的志向才华尽量展现出来。我有好几年参加面试，接触到全国各地很多优秀的孩子。这些孩子真让人看了就喜欢，有的语文出众，熟读古文，写诗作赋；有的阅读甚广，视野开阔，喜好历史、哲学；我还见过一个擅长数学的同学，已经超越具体的数字运算，进入抽象的数理逻辑世界。对于优秀的学生，尽管每位主考老师背对背，各自同学生交谈，独立评分，但评价的结果往往一致性很高。接下来的环节却让人颇有感伤了。学生报考专业的趋同性出人意料，绝大部分挑选了实用经济的专业，例如金融、会计和经济管理。问他们了解这些专业吗？基本不了解，也不喜欢。那为什么做这般选择呢？孩子们很纯朴，说是妈妈要他们这样报的。

同学说，妈妈讲这些专业将来好找工作，而且工资还高。再问他喜欢自己擅长的文史哲数理化吗？不少同学真的恋恋不舍，却委屈自己，顺从了家长越俎代庖所做的选择。一种悲伤的情感从我的心底涌起，很多家长把过多的功利思维灌输给孩子了。我能够理解家长的想法，改革开放以前，中国实在太贫穷了，温饱和脱贫成为人们的首要选择，人人都想多挣点钱，很难不功利。可是，近几十年中国经济突飞猛进地发展，绝大多数的家庭已经达到温饱，老人未必需要子女赡养，经济的压力大为减轻，上一辈就不要把贫穷时代的眼界手法用于今日，更不要把短浅的功利心传给下一代，不利于他们成长。与其关心孩子找工作多挣钱，不如助力他们成才。从教育学的角度来说，学习和成才最强有力的动力是兴趣爱好，所以，家长一定要支持孩子的兴趣，鼓励他们循着自己的爱好去积极探索世界，帮助他们排除诱惑与干扰，淡泊明志，宁静致远，而不要增加他们的功利负担。国外有些一流大学教育学生不怕做不到，就怕想不到。人在青年时期最富有想象力，教育重在开发人的能力，而不是去压制它，要鼓励打破框框，敢于想象，什么都可以想，不要画地为牢，要把思想解放出来。当年爱因斯坦在读大学的时候，沉浸在乘坐一部光速电梯看世界的想象中，连老师都觉得他是不是精神出了问题，世界上哪有什么光速的电梯？问题就在于他敢想，因为有这部光速的电梯，才有后来爱因斯坦的物理世界。教育的第二个方面，是把想象变成现实，培养学生坚持不懈的毅力，把大胆的想象用一代人甚至几代人的努力，薪火相传，去论证，去实现。没有想象力便没有创造力，不能坚持不懈地做出来，便流于空想。

我们的孩子在人生选择方面自主性确实不强，甚至过于依赖他人。功利的教育及其造成的氛围，让人大事糊涂，小事精明，怨天尤人，却逆来顺受，不敢自主选择，因为害怕承担责任。造成这种情况，很大一部分原因是我们没有培育孩子内在的自我，没有引导他们不时宁静地面对自己的内心，认识自己。宁静不是身子不动，而是心不动，不为利所动，不为各种诱惑所动。淡泊是为了擦掉功利的浮尘，才能想明白自己的志向。不要屈从外来施加于己的功利选择，而要听从内心的呼唤，追求自己的理想和目标，坚韧不拔地走下去，所以说宁静致远。

诸葛亮写给他儿子的家书，也是对自己一生的总结。

诸葛亮出身于山东名门的琅琊诸葛氏，因为天下动乱，北方沦陷，有能耐的人纷纷南迁，诸葛亮也迁到了南阳郡。在这里他并不急于当官谋功名，而是冷眼观察天下大势，觉得各路英雄没几个值得他去辅佐，便安心隐居，在南阳建茅庐，躬耕读书。他真耐得住，种几亩薄田，静下心来领悟世道变化的道理，周围的人都知道他很有才华，号称“卧龙”。诸葛亮的生活如同孟子所说的“穷则独善其身”。抓紧乱世中难得的宁静，充实自己，等待时运到来，再报效社会。

这时候，刘备来到了荆州，在这里求贤，三顾茅庐，和诸葛亮长谈，请教救世方略。诸葛亮了解了刘备恢复汉朝的志向，与其政治目标吻合；且刘备有大量，可以合作，这才同意出山。

三国三股政治势力，最弱的就是刘备。为什么发展不起来呢？因为身边没有高人相助。诸葛亮是高人，在同刘备的“隆中对”中，分析天下形势，了如指掌，极为透彻。他的一席话，让刘备这位在政治舞台上活跃多年的英雄人物由衷佩服，相见恨晚。能够达到如此高度，是因为诸葛亮沉得住气，冷静观察，一直在充实和提升自我。机会永远留给有准备的人，所以，当机会降临的时候，没有做好准备的人只能跌足追悔，而准备好的人便应运而生。

李白诗篇称“天生我材必有用”，机会何时来临谁也不知道，个人能够努力的便会成为真正的人才。秦末汉初，有一位威震天下的将军叫作韩信，席卷半天下，一战灭项羽，堪称中国古代的战神。大家可曾知道韩信当初如何出道的？他出身非常贫寒，却不急于谋份差事，混口饭吃，而是守在乡村里刻苦读书。这太不容易了！自从秦始皇焚书坑儒以后，反文化成为社会风潮，读书遭人歧视。韩信不随波逐流，仍然坚持读书，做人家鄙视的事，难能可贵。他在人多的地方读书，不招惹人，也要被流氓欺负，受胯下之辱，只好躲到没人的河边读书，同洗衣服的漂母为邻。漂母看这位年轻人没饭吃还坚持读书，同情他，每天省下一口饭给韩信吃。韩信就这样坚持下来，把书读完。这时候的韩信具有极大的定力。他内心有一股静气，胸怀抱负不是汲汲于功名的人能比拟的。只有成大才，方能做大事。

人的一生，应该想做大事，而不要做大官、出大名，或者发大财，不要把自己定位在权力和金钱之上。金钱权力，没有的时候看着亲切可爱，到手以后没有止境，忙碌一生才发现它其实很虚。到人在天堂、钱在银行的时候，才知道它生不带来，死不带走，操劳终生，到头皆空。其实权力也好，金钱也罢，都是手段和工具，拥有它是为了服务于人，去做有意义的事情，而不能颠倒过来，牺牲人生的价值，去追求权力和金钱，到手一堆工具，不知用来做什么，心灵反而空虚，感到人生乏味。

在社会上，有权和钱会让人羡慕，但不会受人尊敬。大家敬重的是品德高尚或者学养深厚的人，看重的是文化。所以，人生要追求品德的修养和能力的提高，不要被功名利禄捆住手脚。中国有一句老话说：“人无远虑，必有近忧。”如果你老是盯着眼前这点现实利益，很快就有让你忧虑的事情发生。如果你能超脱，看得远，看得透，把目标定得宏大一点，把自己的心灵解放出来，就能摆脱许多没有意义的纠缠纷扰，生活快乐且丰富多彩。

古代家教一贯从大处着眼，培养大格局的子弟。没有淡泊就不会有远大，没有远大就不可能宁神静思，也就不可能产生大智慧。淡泊和宁静是修身的要诀，贯穿着智慧的修炼。

相敬如宾：逆境不改初志

得志，与民由之；不得志，独行其道。富贵不能淫，贫贱不能移，威武不能屈，此之谓大丈夫。

——《孟子·滕文公下》

有机会施展抱负的时候，和百姓一起走正道；没机会施展抱负，则独自行走正道。富贵不被迷惑腐败，贫贱不改操守初志，强权暴力不能屈服其意志，这才能称作大丈夫。

从小受到良好教育熏陶的孩子，走入社会受人喜欢和尊重，为什么呢？因为他风度翩翩，知书达礼，平和待人。文化通过教育融化在一个人的血肉之中，体现出来的是风度雅量。淡泊权力金钱，所以对各种艰难曲折能够泰然处之，有底气和定力。

这种人能不能扮演呢？在社会上确实可以见到一些戴着假面具的人，貌似君子。怎么识别呢？孟子教我们观察两点：得意与失落的时候，真相便露出来了。同样的道理，一个人的性格修炼，需要经历富贵与贫贱的磨砺。

春秋时期有一个人名叫郤缺，曾经做过晋国的上卿，相当大的官。他父亲郤芮也在晋国做官，属于官宦家族。郤缺生在冀，所以有些书称他为冀缺。郤芮在晋国当官的时候，正好遇到晋惠公去世，王室发生内乱，争权夺利。郤芮和吕甥拥立从秦国逃亡回来的太子圉继位，这就是晋怀公。第二年，秦穆公派兵护送晋王室的另一位公子重耳回国，晋军吃了败仗，吕甥临阵倒戈，投降秦军，重耳登基继位，成了晋国鼎鼎有名的晋文公，春秋五霸之一。

郤芮护送晋怀公出逃，跑到高梁，被重耳的人马追上，杀了晋怀公。郤芮回朝之后，一直担心重耳会报复，便同吕甥商议，先下手为强，放火烧晋文公住的宫殿，发动政变。他们密谋的时候已经被宦官打探到了，可他们不知道，郤芮等人真的去放火烧宫殿。当时，晋文公不在宫中，没有死，出手镇压叛乱，杀了郤芮，家族遭流放，在田野种田。

郤缺一下子从高高在上的官僚士大夫变成田野农夫，应该说遭到很大的打击和挫折。然而，人们看到郤缺种田的时候，整天开开心心，处变不惊。更难得的是他保持礼仪规矩，丝毫没有懈怠。晋文公手下有个大臣叫作胥臣，有一次路过郤缺种的田地，看到让他感动不已的情景：郤缺的夫人送饭到田头，夫妻两人在田头吃饭，就像在家里一样，严守家规，相敬如宾，一切都遵循礼法，按部就班，一丝不苟地行礼，然后端坐吃饭。胥臣深深感到郤缺这种人，哪怕处于人生最低潮依然保持着自己的修养与尊严，完全是治国的人才。

胥臣回去跟晋文公讲了自己亲眼所见的事情，劝谏晋文公不能因为一个人犯罪就把他的一切全都抹杀。郤缺是个人才，所以建议将他

◎郤缺种田

召回朝中，起用贤良。晋文公接受这个建议，把郤缺请回来，任命他为下军大夫，在部队任职。

到晋襄公元年，晋国在今天山西蒲县同周边民族狄人作战，郤缺指挥的部队大获全胜，活捉了敌方首领。这一仗让晋襄公发现郤缺的军事才华，进一步提升他的职务。而且，晋襄公还做了一件很正确的事情，不但奖赏郤缺，同时还奖赏了推荐郤缺的胥臣，赞扬他懂得识人，推荐贤才。

郤缺进入了晋国高层，参与国政。晋灵公六年，他再次升官，担任上军主将。九年，他再被提拔为上下两军的统帅，率军讨伐蔡国，逼使蔡国和晋国定了城下之盟。到晋成公六年，他担任晋军中军元帅，主持晋国大政。

郤缺在政治上主张德治，对内要讲道理，积德行善，好好对待百姓；对外向邻国要示好、示德。治国要善于使用刑赏两柄，恩威并施。这些思想来自他的家庭教育，平时的家教规矩随着其人身份地位的提升而演化成为治国理念，难怪儒家讲修身齐家治国平天下。郤缺在好几代国王手下任职，把晋国治理得国泰民安，施展了平生所学的治国之道。

郤缺的儿子郤克，继承父业，后来在晋国也当了正卿高官。郤克同样主张德政，显然出于家教传承。从郤缺这一家可以看到家教、家风多么重要。为什么有些家庭能够一代一代出人才呢？因为他们从小有一个很好的教育环境。儒家教人“穷则独善其身，达则兼济天下”。有这个理念，无论遭遇挫折，人生低潮，还是春风得意，有权有势，都岿然不动，不像草一样随风起伏，守住信念，坚定自我，不管什么样的境遇都能够把持住自己。

营造修行环境：居善地，择善邻

居善地，心善渊，与善仁，言善信，正善治，事善能，动善时。

——《老子》

居住在顺风顺水之地，内心深沉澄净，处世仁慈，说话诚信，办事公正，因势利导，适时而动。

品德的修养让人内心充实而自信，沉稳而不为纷扰的利诱所动，这里讲的是内在的方面。但是，绝不能低估环境对于人的影响。因应环境而进化是生物的天性，要求人在社会人文环境中丝毫不受影响，那是不切实际的，尤其对于成长中的儿童少年，受环境影响之大，不能轻视。为什么大人要非常关注孩子交朋友，也是这个道理。

儿童少年的品德修养除了来自家庭熏陶、学校教育之外，还有一个非常重要的方面，就是居住环境。居住在什么地方便会受到什么影响。人是在同自然和社会环境互相调适的互动过程中顺应平衡的。因此，我们不仅要把家庭教育做好，还需要重视营造居住环境，给自己一个好的修身养性之地。古代思想家老子用水作比喻，教导人们首先便是“居善地”，那些陡峭险隘的地方，水怒号而下，怎么适合居住呢？到了平缓宽敞之地，水面如镜，安详而灵动，这才是长期居住的善地。

伟大人物不是天生的，他的成长离不开精心的培育。儒家集大成者孟子，小时候智商很高，是个聪明的孩子。前面说过，聪明的孩子才需要格外用心。孟子的母亲是怎么做的呢？

孟子的母亲仉氏，年轻的时候就守寡，带着年幼的孟子，孤儿寡母，家境并不富裕，最初住在比较差的地方——墓地边上。不时有人来上坟，跪拜哭泣，烧香祭奠。孟子很聪明，看着便模仿起来，跑到坟头又哭又拜，烧香点蜡烛，煞有介事。他母亲一看，不得了，孩子在这样的环境中学会的东西不好，她赶快搬家，搬到市场的边上。在那里孟子看人家做生意，也学起来，摆个摊吆喝。母亲一看，更糟糕，这么小就学做生意，还得了，再次搬家。这回搬到屠宰场附近。到新地方，孟子又学着屠宰牲口的样子，玩得开心。母亲见了，还是不行，再搬家。这一回，孟母咬紧牙根，搬到学校附近。孟子看孩子们上学读书，他也跟着大家行礼朗诵，读书写字，母亲总算安心了，给孩子找到一个好住处。在这种环境的熏陶下，孟子成长起来了，后来成为一代大儒。

古人把这件事作为经典事例，写在家训里面，甚至编入童蒙教材，例如《三字经》写道：“昔孟母，择邻处”，广为传颂。作为成功的少儿教育事例，古人高度赞赏孟母。她培养孩子毫不功利，不要他长大后做大官，赚大钱，而要做有文化、有修养的人。孟母挑选了好几个地方，也没有考虑搬到官府旁边，而是选择了学府近邻。她把文化看得很重，才培养出一代儒学宗师。

培养毅力：士不可不弘毅，任重而道远

有志方有智，有智方有志。惰士鲜明体，昏人无出意。兼兹庶其立，缺之安所诣。珍重少年人，努力天下事。

——［明］汤显祖《智志咏》

有志向才会有智慧，有智识才能立大志。怠惰的人罕见能识大体，昏庸的人没有创意。兼具志智的人应该能够成就一番事业，缺乏这两者的人前程茫然。珍重啊少年人，努力去做天下事业吧。

我们讲健康应该包含两个方面，身体的健康和心理的健康。现在家长养育孩子过于重视前者，经常见到营养过剩的肥胖孩子；而对后者则缺少培养，许多孩子内心脆弱，经不起挫折，意志力不强，做事没有恒心。因此，心理健康已经成为相当突出的问题。没有过硬的心理素质，难于担当重要工作，更不要说成就一番事业。

做成一件事情，毅力比体力重要得多。对于一个健康的人来说，

很少因为体力不足而做不成事；可是，半途而废的情况亦经常发生，没有耐心，遇到困难就退缩，这些都是缺乏毅力的表现。培养坚韧不拔的毅力是非常重要的，但做起来一点也不难，只要从简单的习惯培养入手，养成不管做什么事情一定要有始有终，坚持做完。例如读书一定要从头到尾读完，做完事情一定要收拾清楚，遇到问题要学会动脑筋、寻找各种资源和方法去解决，在良好的习惯培育过程中，毅力也在点点滴滴的潜移默化中增强起来。

毅力靠后天培育，不见得能够同我们一生相随，成人以后放松自己，会出现毅力衰退的情况，特别是在生活安逸的时候，耽于享乐，意志在不知不觉中退化，以至于有些年轻有为的人蜕变得慵懒无力，判若两人。所以，意志刚强、坚韧不拔需要一生坚持，孔子说："士不可以不弘毅，任重而道远。"（《论语·泰伯》）

东晋时代，广州来了一位颇为奇怪的刺史，名叫陶侃，乃东晋名将。陶侃到任，住在官衙里面，住的、吃的、穿的样样都好。而且，广州远离政治中心，受战乱和政局波动影响很小，境内稳定，百姓安居乐业。陶侃是功臣名将，受人尊敬，在这里坐享名利，日子应该过得非常闲暇舒适。可是，陶侃每天从衙门里搬100块砖到门口，摆成一堆，第二天再把这些砖头搬进衙门里，第三天又搬出来，反反复复，做这等没有意义的事情。大家很奇怪，有个人大胆去问，陶侃告诉他："广州虽然不太受战乱影响，但我们要想到国家沦丧，北方没有收复，我们丝毫不能松懈意志。如果沉浸在安逸的生活之中，慢慢就会意志衰退，所以我每天搬砖头，一是锻炼自己，二是激励自己牢记目标，培养毅力。"陶侃搬砖，成为中国历史上十分有名的故事。

◎陶侃搬砖

陶侃的执着与坚定，同小时候受到的教育密切相关。他后来成为东晋中兴名臣，受人敬仰，其实早年的经历相当辛苦。他不是出自大姓高门，而起自社会最底层，甚至比一般的人出身还要低。不光贫寒，还出自土著。他的祖籍地在鄱阳，后来迁到庐江郡的浔阳，也就是今日江西九江市。当年的九江不像今天，是旅游胜地，人山人海，繁华都市。那时候当地居住着土著民族。陶侃出自哪一族呢？他被称为盘瓠蛮，有些史书把盘瓠蛮称为溪族。在古代社会存在着相当严重的民族歧视，陶侃不是汉族，就低人一等，受人轻视。所以，他出人头地要比一般的贫寒出身难得多。

陶侃父亲早年去世，他和母亲湛氏相依为命。寡妇把儿子作为唯一的依靠，望子成龙，往往不能狠下心来立规矩，呵护过度，甚至扭曲为溺爱。慈母败子，所以，以前民间一般不太看好寡妇带大的孩子。陶侃的母亲与众不同，性格坚强，在严酷的生活环境中，她不仅靠一己之力支撑起贫寒的家庭，含辛茹苦养育孩子。而且，她对孩子要求很严格，必须吃苦耐劳，自强不息。要懂得这样一条道理，世间不会有人乐意帮助没出息的人，只有你自强，才会被人看好，才有人帮。陶侃完全没有贫寒子弟遭人歧视的自卑，坦然大气，脸上总是充满笑容，善于同人交往，结识许多朋友。他有一位朋友叫作范逵，被推举为鄱阳郡的孝廉。孝廉是古代王朝选拔官员的科目，道德品行优秀的人，通过举孝廉而入仕当官。有一次，范逵来陶侃家做客，陶家实在太穷了，没东西招待。陶侃的母亲便把自己多年来积蓄下来的青丝长发剪下来，让儿子卖了换钱，好好地招待范逵。范逵吃完饭后，得知陶母卖发之事，很受感动，觉得这家人待人热情，懂得礼仪，品行高洁。回去以后，范逵向郡太守大力推荐陶侃。太守名叫张夔，是个爱才的人，起用了陶侃。在张夔的提携下，陶侃升任县令。

可是，陶侃并不想当大官，而是想做事情。在县令任上，他兢兢业业，把一方治理得很好，老百姓交口称赞。于是，他又获得晋升，提拔到州里辅佐太守。在古代门阀士族社会，一个贫寒子弟能当到州官，基本上就到顶点了，可以满足了，再不要有更多的想法。陶侃确实没有多想，依旧勤勤恳恳做事。

陶侃的母亲曾经教育他，做人要讲原则，对朋友要讲义气，要懂得知恩图报。所以，陶侃身上有一股豪侠之气，他内心对张夔很感激，但他不会阿谀奉承、溜须拍马，他的报答反映在治理县政上，实实在在做事。

有一次，太守张夔的夫人得了重病，必须赶快请医生。不巧，医生在百里地之外。那天下着鹅毛大雪，路都被厚雪覆盖。张夔手下人谁都不愿去，只有陶侃二话没说，径自迈出大门，百里奔驰，把医生请来。张夔非常感激，保举他举孝廉，一举成功。陶侃的身份发生了变化，当上孝廉，他进了京城洛阳，突破了贫寒子弟做官界限，当上朝廷官员。

京城是一个大官场。大家知道，西晋政权从建立之初就比较腐败，统治集团没有高尚的政治理念，没有远大的目标，胸无大志，君臣上朝只谈钱斗富，吃喝玩乐，安逸享受。一味追求经济利益的政权肯定走不远。因为只谈利益，而利益是分不平的，那就要打起来。西晋便是如此，沉浸在追逐权力金钱中，爆发了“八王之乱”。分封在各地的晋室诸王都想争夺皇位，打起内战。这场动乱对中国造成的破坏是灾难性的。那些满眼只有权和钱的人，没有廉耻，没有底线，什么事情都做得出来。“八王之乱”不仅是生灵涂炭，更严重的是他们为了争抢皇位，勾引外族参加内战，造成了周边民族纷纷进入中原，把中国推到了万劫不复的深渊，从此开始了对汉族的大规模屠杀，民族压迫，血雨腥风维持了几百年。“八王之乱”毫无道义，留给后人沉痛的历史教训：一个国家没有文化精神，只有权钱崇拜，整个民族都将堕落。

陶侃在京城亲眼见到曾经憧憬的中央朝廷，心都凉了，不想在这个官场染缸混下去，所以他毅然回到地方上，来到荆州。不久之后，战乱波及全国，荆州刺史刘弘听说陶侃很有本事，遂起用他。陶侃只想为国家做点实事，带兵平定了当地的张昌叛乱。这是一场反败为胜的战役，先是太守刘弘带大军去镇压，大败而归，形势相当危险，陶侃力挽狂澜，扭转战局，显示了杰出的军事才能，名声大振，蜚声海内。

此役之后，刘弘把陶侃视为自己的接班人。紧接着又发生了新的叛乱，广陵的陈敏聚众起兵。广陵就是今天的扬州，当时是重要的中心地区，所以这场动乱对于东晋的威胁要大得多。陶侃再次率兵出征，平定了陈敏。以后他平定了荆、湘地区的杜弢之乱，战功显赫，当上荆州刺史。接着他率军挺近岭南，平定杜弢余众，出任广州刺史。

陶侃这个人，不管是在战乱期间，还是在当广州刺史相对安定和平的环境里，都心怀天下大事，忧国忧民。西晋以来官场流行玄学、清谈。这种天天高谈阔论一些空泛的哲学命题，追求虚浮、夸耀的奢靡生活，他非常讨厌。他主政的地方，都亲自处理政务，要求部下克己奉公，勤于公务。无论在哪里当官，他都会禁止酗酒、赌博，大力发展生产，关心民间疾苦，盼望国家能够强大，收复中原。在担任荆州和广州刺史期间，他经略巴东，从胡族手里把襄阳夺回来，谋划北伐，想要光复中原，统一中国。他之所以当大官却每天搬砖头，就是为了实现这个远大的理想，不停地努力。一直到他的晚年，年事已高，应该颐养天年了，可他还在为朝廷做最后一搏，出兵粉碎在东晋首都建康发生的苏峻叛乱，让东晋再一次转危为安。陶侃是东晋的中流砥柱。

东晋政权是由好几支大家族联合拥立西晋王室司马睿而建立的，所以朝廷内部各大家族的势力很大，把持着朝廷权力。像陶侃这种拥有强大武力为后盾的强人，在东晋政权下往往拥兵自重，向朝廷漫天要价，居功自傲，有些人甚至想取代朝廷，自己称帝。面对这样的局势、这么一群人物，陶侃在平定苏峻之乱以后做了什么事呢？他亲自做表率，上表退位，从官场退下来，派人把朝廷封给他的官印符节——显示权力地位和调兵遣将的信物权柄，统统送回去，封存库府，全身而退，所有的资产一件不拿，乘船回家而去。由于年纪太大，操劳过度，陶侃竟然在回家路上溘然长逝。他的事迹成为朝野美谈，高风亮节为人敬仰，传诵至今。

在陶侃身上，我们看到家教的力量，激励陶侃一生的是他母亲所授恪守的做人规矩和志气，自强不息。人能做多大的事业，谁也不知道。我们不必为了追求事业而去做事业。但是，我们应该学会做人，做一个有底线、有原则、自立自强的人。家训教育我们什么呢？开阔眼界，提升自我，认识内在的自己和外在的世界，明白两者之间的互动关系，与自然和谐共生。在此过程中最大限度地实现自我，给世界带来创造，让社会更加真善美，而不是耽迷于权势金钱。家训要我们朝着这个方向努力，自强不息。陶侃搬砖体现的便是这种精神。

自强不息是古今中外共同的法则。

近代有一个来自广东的家族，主人叫宋嘉树，可能有人不知道，但是提到他的子女，几乎无人不知了，比如宋庆龄，是他的女儿。宋氏姊妹中，宋蔼龄（孔祥熙夫人）、宋庆龄（孙中山夫人）和宋美龄（蒋介石夫人），以及宋子文（民国财政部长），均赫赫大名，全都成才。那么宋嘉树是怎么教育子女的呢？我想起了一件事。有一天，天上下着雨，宋嘉树带着宋庆龄攀爬上海龙华古塔，上到塔顶，他让女儿把伞拿掉，父女俩在风雨中围着古塔一圈圈跑起来。宋嘉树对女儿讲，这座古塔在风雨之中已经屹立千年了，为什么屹立不倒？因为它历经风吹雨打而筋骨越发强壮。所以，我们做人应该像古塔一样，锻炼自己，坚韧挺拔。

宋嘉树还会带着孩子们挑选日子，一起断食。孩子们年龄小，肚子饿得咕咕叫，餐桌上摆着可口的食物。宋嘉树对孩子们说："今天我们一整天都不去碰，不吃东西。"他要孩子们饥饿难忍时面对诱人食物也不去碰。他的目的是什么呢？培养自制能力，当止则止，不要见诱惑，马上伸手。很多人败就败在不知道止，见利忘义，没有自制能力，最后把自己推入欲壑之中。

宋氏的故事告诉人们要学习坚强，锤炼意志力，而且还需要增强自制能力。

以此立足，即事不败

中华文明从诞生到现在，已经传承了几千年，在世界上称得上奇迹。能够传承如此之久，绝不可能靠取巧的战术、临机应变的手段，必定有其深厚宏大的道理。战术用于具体的问题，强调处理好当前的事情。战略则考虑长远，思量处理一件事情的前因后果以及自己要实现的远近目标。战略有些也来自战术，屡试不爽的战术，必定包含着通则原理。古人从一件件事情的处理和众人交往的经验，感悟出深刻的道理来。影响中国文化至深致远的西周，提倡“敬天保民”，怀着敬畏之心，顺从自然法则和人世之道，团结最大多数的人，听从他们的愿望，才能得到天下人的诚心悦服，而感动人心才是最伟大的力量。周朝的历史证明了这一点，它整整延续了八百年，是中国古代最长的朝代。孔子以来，人们一直从西周的文化中吸取智慧，大到治国，小到修身，怎么做才能立于不败之地呢？

学会吃亏：得失之间

处世让一步为高，退步即进步的张本。待人宽一分是福，利人是利己的根基。

——［明］洪应明《菜根谭》

处世以退让一步为高，退步为进步奠基。待人宽厚一点是福，利人实际上是利己的根基。

古代的家教注重毅力的培养，自强不息，让自己变得更加强大。什么样的人真正强大呢？或许各人想法不同。有人跟我说，在社会上厚道人总是吃亏，属于弱者。有的人更加直白干脆说，老实是无用的代名词。鲁迅当年说这话是针对列强欺凌、当局暴政而哀其不幸、怒其不争，不能成为做人的一般原则。可是，在唯利是图的时代，到处都能看到老实人吃亏的情况。

现在的居民小区都设计得比较美观，走进去很快就感到哪里不对劲，原来是违章搭建把规划的美观破坏了很多。其实，侵占公共空间的现象不是今天的事情，几十年前的贫穷时代，上百个家庭蜗居在工房里面，几乎家家户户都把杂物摆放在过道，哪怕毫无用处也要找张桌子摆出去，公共空间不占白不占。现在住房改善了，小区有绿化，可人的习惯和修养没有跟上来，便想方设法违章搭建，尽可能占点便宜。最初是个别人这样做，问题在于大家见到之后，不是一起去维护公共利益，而是赶快回家商议自家怎么也去占一点。被利益驱动，担心吃亏，群起为之，遂形成不良风气。

看一个人的素养多高，不要看他的衣着，而要看他如何对待公共利益。不讲原则，不问是非，为利所动，轻视公共利益，素质一定不会有多高。这里要关注不吃亏的心态。

在一个集体里，如果老实人总是吃亏，那问题不出在个人而是领导，是管理和制度出了大问题。这里要讲的是个人怕吃亏的心理。怕吃亏同占小便宜是亲密的伙伴，就不说自己是不是吃亏，看别人占便宜便觉得自己吃亏了。更有甚者，一边慷慨激昂地指责别人，一边偷偷侵占公共利益，只允许自己占便宜，容不得别人犯规。

有这样的心理，可以知道心量非常狭小，既没有原则性，也没有宽容的雅量。出现这个问题，家庭教育是不是有值得反思的地方呢？

现在的城市人口密度很大，公共资源不足，大家在非常狭小的空间里生活，磕磕碰碰，只要有人多占有一点公共资源，很可能有人就享有的少一点，再加上不少单位的管理不是尽量做到公平，而是通过倾斜的不公平来刺激人的欲望，造成利益分配差距很大。这里不去讨论此类短视的管理手段，只看这种管理模式下，人与人的关系中利益比重太大，会造成更加紧张的关系。因此，在城市里的家庭教育出现了同以往传统农业社会很不同的想法。以前的教育总是教孩子让着人一点，老实厚道，反正农家有房有地，差不了那一点，有一种淡定的心态。城市生活条件大不相同，人们相互依赖，差不多什么东西都是共同拥有的，因此，家长教育孩子的时候生怕他在外面吃亏，甚至有些家庭会教孩子多沾点光，总之，功利的成分要大多了。难怪全世界共同的现象是，越是拥挤繁忙的中心城市，人情越冷淡，人与人之间越计较。

人与人之间的隔膜和疏离已经引起很多国家的注意，正在想办法扭转。因为越是现代化社会，越是依靠团队合作做事，情商越是重要。怕吃亏，甚至占小便宜的人，一般都比较自私封闭，格局小，爱计较，不容易有朋友。你想，我们喜欢跟什么样的人交朋友呢？爽朗的、阳光的、大气的、懂得分享的。人要有气量，舍得分东西给别人，有钱就多帮助贫穷的人，有文化知识就去教授，把善传播到各地。没有知识也没有钱，至少你还可以给别人一个笑脸，让人高兴，不要整天绷着脸，逢人都像审贼一般，没钱没文化还摆一张臭脸面对世界，不觉得活得没趣吗？

所以，家庭教育很重要的内容是要培育孩子大气和宽容，学会吃亏。人的自私和不甘吃亏几乎是与生俱来的。你去观察幼儿园的孩子，幼童进入幼儿园，第一次和小朋友聚在一起，看到别人手里有好吃的食物，或者有喜欢的玩具，二话不说，直接动手便抢过来，根本不会想这是别人的东西。喜欢就拿，这就是幼童本性的自然流露。对方当然不同意，于是打起来了，又哭又闹，各自诉说自己的道理，没有一个觉得自己错了。这时候我们就要教育他们，想要东西要跟人家好好商量，或者拿自己的玩具和小朋友换着玩，慢慢地，他们就懂得道理了。显然，讲道理、讲规则要靠后天的教育。教育不应该助长先天的自私，而应该引导孩子学习分享，与人为善。所以，家庭教育千万不要跟孩子说，咱出去了不吃亏，而应该说咱不能欺负人，不能占人家便宜，咱要多帮人。

与人相处，互助协作至关重要，它是构成团队的核心要素。作为团队的一员，不吃亏，占便宜，突出自己，等等，就不容易与人相处了。

我有位亲戚在一个发达国家的跨国公司当高级管理人员，我曾经跟他说，中国留学生在国外找工作不容易，有机会要多帮帮他们。他告诉我，一直都这么做，只是中国学生能留得下来的实在不多。我感到诧异，询问缘由。他告诉我，中国学生，特别是从内地来的学生，招进来以后，有一个常见的倾向，就是到上级主管那里去说自己如何能干，如何出色。这倒也还好，可接着会说同事如何的差劲，揭人之短，以抬高自己。这么做当然是希望得到领导的重视，快速升迁。但是，他不知道大公司最看重的是团队协作，宁可牺牲一位能人，也不会牺牲一个团队。你破坏了团队的和谐，那么，到考核的时候会被记上一句评语：缺乏团队协作精神。那你基本上就得卷铺盖走人了。这就是留不下来的道理。

大家在一起，有些是制度的原因，有些是个人的缘故，总之，难免有吃亏的时候，如何对待呢？

我有一位朋友，事业做得不错，他培养孩子的方法与众不同，男孩子要大气，要能团结人，还要懂得玩。他让孩子按照自己的兴趣做各种各样的探索，并不重视学校的成绩。这男孩学会了很多书本外的知识和为人的生存技能，但学校成绩不敢恭维。到初中将近毕业，父亲对孩子说："再大了你就要自立，你看是不是该好好读书了？"孩子仔细思考后同意了。发自内心的学习欲望是最强的学习动力，这男孩高中时期的成绩不断蹿升。他情商高，同学喜欢他，被选为班长。期末选举优秀学生，他获得高票。不知道什么缘故，老师将他拿下，评给了其他同学。班上同学不同意，为什么老师不尊重投票的结果呢？他们集体到老师办公室去评理。这时候大家没有想到的一幕出现了，这位同学赶到办公室劝说同学们不要争，让大家回去读书。同学们对他说，评上优秀学生多么重要，将来是跨入高校自主招生的重要条件啊。这男孩说没关系，大不了不参加自主招生，参加统一考试就是了。同学们被他劝回来了，而他什么也没说，甚至没有告诉家里人。一直到高三要参加高考的时候，学校开家长会，家长来了，老师对这男孩的家长说："上次让您的儿子吃亏了，今年我会补上，争取让他评上优秀学生。"父亲听得一头雾水，回家问孩子怎么回事，孩子这才将事情经过简单介绍，并且对父亲说："事情已经过去了，不要再去提它。"

我听了受到震动，十几岁的热血少年，能够如此克制自我，实在少见。我问他父亲，听了孩子的话，您有什么想法呢？男孩的父亲告诉我："当时真的很受震动，我发现孩子的内心比我还要强大，我顿时对他放心了。这样的孩子已经能够独立面对人生了。"

后来，这个孩子凭着自己的努力考上了名牌大学。他去读书了，可这件事情从此像刀刻一般印在我的头脑中。他当时或许是吃亏了，但却成为自我激励的契机。

自己可以吃亏，但不要让别人吃亏，这样的境界就更高了。《朱子格言》要家人做到："不亏父母，不亏兄弟，不亏妻子，君之所以宜家。不负天子，不负生民，不负所学，君子所以用世。"做人在家里要不亏父母、不亏兄弟、不亏妻子，家族和睦相亲，其乐融融。从小有这般家庭教育，长大以后，就会懂得关心大家，对得起国家，对得起民族，对得起百姓，还对得起老师教给你的学问，用来造福社会。

吃亏就是把东西分给人家，那是善缘。上面介绍的男孩吃亏了吗？一个人不认为自己吃亏，就没有吃亏。更何况善于把不利的事情做有利的转化，非但不吃亏，反而获得出乎意料的收获。送人玫瑰，手留余香，所以古人说，吃亏是福。

懂得宽容：三尺巷内有天地

终身让路，不枉百步；终身让畔，不失一段。

——《新唐书·朱仁轨传》

一生都给别人让路，也不过冤枉了几百步路；终身让给别人田界，也不会失去一块田。

宽容是一种修养，是对他人的体量和理解，对自己狭隘嫉妒与报复心的超越，使人超脱物外，获得心灵的自由与解放。法国作家雨果赞美道："世界上最宽阔的是海洋，比海洋更宽阔的是天空，比天空更宽阔的是人的胸怀。"中国古人也教诲世人说："胸中天地宽，常有渡人船。"见到自私狭隘乃至犯错误的人，与之针锋相对，不如理解他内心的痛苦而点化他，会让这世界多一点美。其实，宽容他人也是在超越自己。

宽容首先是从自己内心欲望的解脱，其修炼的过程也许痛苦，其实关键的窍门就在一念之间，想不通万般烦恼，看开了轻而易举。

安徽桐城是清代著名的文学之乡，孕育了桐城派文学。在桐城有户人家姓张，邻居姓吴。吴家修宅子，想占便宜，便将围墙越过地界，整整多占了张家三尺宽一整条地面。张家吃亏了，非常生气。于是，张家人修了一封家书，火急送到京城。原来朝中文华殿大学士兼礼部尚书张英是他们家的人。明朝朱元璋废除宰相，设立殿阁大学士辅佐皇帝处理朝政。所以，张英的官职相当于宰相兼任文化教育部长，皇帝之下，百官之上。

张英收到家乡送来的急件，赶忙拆开来看，读完之后，真不知道说什么好。当官的人，要么越当官腔傲气越重，睚眦必报，心眼极小；要么见了大世面，处世豁达。张英出自文学之乡，文化修养高，自律甚严，属于后一类官员。他想了很久，提笔回了家书，寥寥数言，写了一首诗：

一纸书来只为墙，让他三尺又何妨。
万里长城今犹在，不见当年秦始皇。

秦始皇是中国第一个专制皇帝，焚书坑儒，镇压文化，横征暴敛，与民争利，所以秦朝非常富裕强大，但老百姓水深火热，短短十四年的帝制统治，民怨沸腾，最底层的雇农陈胜揭竿而起，八方响应，风云激荡，很快把秦朝给埋葬了。张英用秦始皇做例子，开导家人不要做爱计较、占便宜的人。作为有文化的家族，不应该降低自己去同别人计较，而应该看开去，宽容小气之人。那些为利益大打出手，你死我活的人转眼消逝得无影无踪。只有青山绿水和万里长城历古今而常在。所以，在俗世小利面前，要保持自己的尊严和品格，退一步海阔天空。

◎三尺巷

张英的信虽短，寓意深刻，境界甚高，教导家人学会宽容和忍让。张家人接到这封信，怒火中烧的头脑一下子被点化了，自己觉得惭愧，不争了。他们把自家围墙再次往后挪。人心是肉长的，都有良知，在对方的高尚和宽容面前，良知被激活了。吴家人见了这般情景，不好意思了。于是，他们也后退了，从自己的地界退后三尺。张家和吴家各退三尺，两家围墙之间出现了一条让众人往来都方便的巷子，这就是传诵至今的“三尺巷”（也称作“六尺巷”）的故事。

桐城三尺巷成为宽容和礼让的象征。宽容是最强大的力量，激发人的反省，对自己的错误感到羞耻，使人在感动中自己纠正，同时将善良深深植入内心。

有人问我，说社会上有一种人，你宽容他，他不但不醒悟，还以为赢了，得寸进尺。这种情况确实存在，也不少见。狭路相逢，一方侧身让路，另一方不但没有善意的回应，反而直撞过来。人家向他问好打招呼，他却吊起青白眼鄙视你。日常礼貌都不懂，到了利益关头更是恶相丛生，使出各种手段。诸如此类没素质、没教养的人，说明其内心的善良被掩盖得太深了，不容易萌发出来。古人说，阎王好惹、小鬼难缠。为什么难缠呢？你别看他骄横，其实这是表象，这种人往往内心空虚，又十分敏感，非常害怕被人看不起，因此常做逆反的表现，虚张声势，心底里有着比常人更多的虚荣，在嫉妒与仇视中煎熬，他们的人生更加不幸。明白其心理，完全不必因其无礼而生气。也许一般人的宽容难以激发其善良，那是我们的能力不够。我相信宽容和善良的力量，这样的人只要不是彻底沉沦，总会碰到点化他的事情，我们应该对此有耐心，也是一种宽容。

容人之量：赤壁之战的胜机

如山之大，无不有也；如谷之虚，无不受也。能刚能柔，重可负也；能信能顺，险可走也；能知能愚，期可久也。

——［北齐］魏收《枕中篇》

要像山那样广大，无所不有；像山谷那样虚怀，无所不受。能刚能柔，可以承担重任；能忠信能顺从，险途可以通过；能聪明能糊涂，可以期望传之久远。

清朝学者金缨《格言联璧》给人指出一条提升宽容品格的途径，说道："眼界要阔，遍历名山大川；度量要宏，熟读五经诸史。"读书是开拓胸怀的捷径，而历史则通过真实的事情，把古往今来的兴衰成败展现出来，启发至深。

三国时代的"赤壁之战"，家喻户晓。孙权能够取得胜利，非常重要的因素是成功地团结了刘备，结成联盟，形成南方同仇敌忾抵抗曹操的态势。而孙刘联盟是怎么来的呢？很多人通过小说和电视剧来学习历史，这是非常危险的途径，因为这些创作出来的作品，经常和历史真相相去甚远，使人误入歧途。《三国演义》在孙刘联盟问题上做了很多手脚，改换史实。这里涉及一位重要的人物，名叫鲁肃。他可不是《三国演义》里描写得呆头呆脑、憨厚愚笨的角色。鲁肃是孙权手下重臣，是帮助谋划战略的人物。

曹操取得官渡之战的胜利，消灭袁绍势力，统一华北。不久之后，他举兵南下，准备横扫南方各支势力，统一中国。明眼人已经对这种态势看得十分清楚，也知道南方各支势力都无法单独同曹操对抗。问题在于南方这些山头互相不和，矛盾很深，不整合就会被各个击破。

曹操大举南下，进军荆州。当威胁变成现实的关口，鲁肃马上向孙权建议，当务之急是要赶快团结南方。他提出了第一个联合的目标，就是刘备。刘备在北方历经挫折，现在寄人篱下，蛰伏在刘表帐内。实际上，刘备是一股力量，尽管当时力量弱小，走投无路，应该在这个时候主动团结他。孙权是一个很有胸怀的人，同意了鲁肃的建议，派他与刘备商谈，抢在曹操到达之前结盟。

可是，鲁肃没有料到曹操来得实在太快了，骑兵长途奔袭，长坂坡一战，几乎全歼刘备所部。刘备的军队被打散了，妻儿全散落在乱军之中，自己带着些人仓皇逃了出来。《三国演义》把这一段描写得非常精彩，赵子龙孤身七进七出，在乱军中寻找刘备的儿子，枪挑数十员曹将。故事很精彩，现实太凄凉，遍地都是曹军，可知刘备败得多惨，几乎一仗打回到起点。

就在刘备人生最凄惨的时候，鲁肃来了，在乱军中找到刘备，联盟大计可以免提了，当下慰问要紧，听听刘备有什么打算。刘备哪里还敢有打算，能逃过这一劫已是元气大伤，死了争霸之心、到一边养伤去吧。所以，他伤感地回答说："我只好去苍梧了。"苍梧，鲁肃可没听错，就是今日湖南郴州。三国时期，郴州这一带基本还没开发，在中原人眼里，就是蛮荒之地。一旦投向那里，等于认输退场，从政治舞台上消失，基本不可能东山再起。可以看出刘备何等心灰意冷。

刘备个性坚强，屡战屡败，挣扎到现在都不肯认输，却从来没有如此绝望过，为什么呢？因为他全军覆没，能够利用的资源都用光了，再没有资本和机会了。

可是，鲁肃接下来说的话，让刘备以为在梦中。鲁肃说："您可千万别去苍梧，去了就没有机会了。您和我们吴国联合起来，携手共同抵抗曹操吧。"我们一定要细品这段话，关键点是什么呢？联合。联合是对等的，有资本和实力才谈得上联合，而当时的刘备是两手空空，一无所有，有什么资格谈联合呢？拿公司做比方，破产或者濒临破产，等的是被收购、被兼并。这个道理刘备还是懂的，故他不敢谈联合，免得被人耻笑，但又不愿意被收购，所以才说到苍梧，找个没人的地方苟延残喘。可是，他万万没想到鲁肃开出来的条件是联合，等于开股份公司，你没有资本，我连股份都借给你，政界里竟然有这等好事。

这么做孙权岂不是要吃大亏了吗？关键看怎么算账。如果只看孙刘实力对比，确实是一门招入赘女婿的亲事。如果放在当时特定的形势下看，强敌当前，招个上门女婿当保安也是一种选择。这件事情能不能谈成，最关键的人物是孙权，他才是拍板的人。而最担心谈不成的人是谁呢？刘备。所以，他赶快派遣能言善辩的诸葛亮随鲁肃去见孙权。

《三国演义》渲染了一番诸葛亮舌战群儒的场面，其实这件事轻而易举就谈成了，为什么呢？在于孙权这个人。

孙家三代开辟江东，从孙权的父亲孙坚开始艰苦创业，经历其兄孙策浴血奋战，才开出江东大片领地。孙策年轻，骁勇善战，意气风发。这种人有什么倾向呢？实力强大，就喜欢动武，追求迅速高效。江东形势非常复杂，丘陵水网地带，山头林立，民族众多，风俗各异，相互独立，各自扎根。孙策面对这种局面，采取快刀斩乱麻的手段，对外踩平山头，拓地开疆，对内铲除大族，高压驯服。他诛除了不少政敌，发展得很迅速。

快和稳经常是一对矛盾，快速成功的事情往往遗留的问题很多，江东大族内部紧密团结，主人和门客相互依存共生。主人被杀，下面数以百计的人就失去了饭碗，那些对主人忠诚不贰的门客立誓报仇。他们不管什么朝廷不朝廷，讲的是私人恩义，为主报仇乃义不容辞。孙策的高压手段潜藏着很多社会矛盾的祸根。

许贡是被孙策铲除的一位，其门客立志手刃仇人。他们潜伏在民间寻找机会，终于等到孙策打猎的时候，单身追逐猎物进入树林，埋伏其中的许贡门客放箭射中孙策，再扑上前去格斗，虽然没有当场刺死孙策就被赶来的侍卫杀了，但把孙策刺成重伤，不治而亡。孙策临终之前把权力移交给弟弟孙权，在病床前，他对孙权说了一番推心置腹的话："在战场上你不如我，但是，在团结人方面我不如你。"这话很重要，点出了孙权的个性特长：善于团结人。怎么才能团结人呢？

宽容。孙权后来的成功验证了孙策的话。

知道了孙权的特点，就容易想通他为什么接受鲁肃的建议。首先，孙权大度，能宽容，头脑冷静，有智慧，很好地把握住大局。其次，刘备虽然实力不济，但他身上有一个光环：姓刘，是当朝皇帝的叔叔，代表着汉朝权力的正统，可以用来凝聚南方人心，鼓舞斗志。虽然这个合作不对等，但是大敌当前，如果非要条件对等，闹到被各个击破的话，再后悔当初过于计较便没有意义了。孙权是懂得轻重的人。

所以，孙权接受了鲁肃的方案，团结刘备组成同盟。结盟的条件实在优厚，内部没有不满，双方一致对外，终于以弱胜强，在赤壁战胜曹操。

许多叙述赤壁之战的文章，将胜负的原因归于具体的战术，例如黄盖诈降、周瑜火攻等，这些固然不错，但是忽略了根本性的问题。曹操兵败赤壁的原因首先是战略性的，其次才是战术问题。这些分析说来话长，这里只说一点，曹操没有及时分化孙权与刘备是重大失策。曹操是聪明人，当孙刘联盟形成之后，他已经意识到了这一点。他还看得更透，知道这个联盟是因为自己这个强敌存在才形成的，他越强则孙刘联盟越紧密，他若不在，孙刘联盟将失去基础而瓦解。所以，曹操借水军交战失利而主动撤军，那些水军是刘表的投降部队，不足惜。曹操退回去后给孙权写信，想离间孙刘。此时传来孙权听从鲁肃的建议，把荆州借给刘备驻军，曹操写信之笔顿时落地。这段记载可以让我们更加看清孙刘联盟的重要性。

孙刘联盟走出这一步真的不容易，前面一再指出，其关键在于鲁肃的战略眼光和孙权的容人之量。所以，事业的高度往往是由胸怀的宽度决定的。为人处世，从与人相处到国家治理，都需要讲究宽容大度。

古代家训说，待人宽一分是福，利人是利己的根基。你想要利己，就要先利人。如何对待别人，也就是如何对待自己。每个人都想获得社会的承认，希望有地位，有体面，有尊严地生活。将心比心，这些大家都想要，所以你就应该给人体面，给人尊重。你尊重了别人，别人就尊重了你。这个道理说起来简单，可是人们往往在此犯错，一心想着自己，看到别人好，心里难受。这个时候正是修行的好时机，不是想怎么害人，而应该读祖训，让自己心胸打开，事情看透，心情渐渐平静下来。多几次这样的经历，眼光境界都提升了，这就是修养。孔子曾经给我们讲过两条为人处世的基本原则：其一，己所不欲，勿施于人。(《论语·颜渊》《论语·卫灵公篇》) 其二，己欲立而立人，己欲达而达人。(《论语·雍也》)

这两条是与人相处的根本原则，中外都一样，《圣经》说要爱人如己，也是这个意思。第一条原则，你不希望的东西就不能强加于别人，要学会尊重人，平等相处，这是做人最起码的教养。我们整天在追求平等，什么是平等呢？不是追求你有多少钱，我也要有多少钱。如果你追求的是这种平等，一生将会很痛苦，看到别人有钱会难受得不得了。我们一生要追求的应该是人格平等，不管有钱没钱，我们的人格是平等的，作为人的权利是一样的。所以，每个人要懂得尊重别人，要懂得自由的界限，这个界限是以不侵犯别人为基本原则。孔子说的第一条，我们可以把它作为道德的底线，这条底线从比较消极的意义上尊重他人的尊严和自由。我们能不能从这条消极的底线往前再迈一步，从积极的方面去建立人与人的关系呢？所以孔子提出了第二条，你想要的，你最希望获得的其实也是别人想要的，那么，你就应该帮助别人去实现它，大家都得到满足，获得双赢的局面。

这不是空谈、虚妄，我们看社会发展的过程。早期做生意，与人竞争，想的是最大限度获得自己的利益。卖东西的人尽量把价格抬高。卖方赚多了，买方就吃亏。双方必须取得平衡，总体上价格会落在合理的区间。到今天生产力发达、产品十分丰富的时代，从卖方市场转变为买方市场，做生意的模式也随之发生根本变化，消费拉动市场，因此，要培育消费力。从以前尽量压低劳动者的工资到努力培育中产阶层，就是在提高消费能力，生产才能够进入良性循环。因此，哪一方都不能把利占尽。上升到国家层面，那就是税收必须合理，而不是一味提高，因为税过重，就抑制了生产和消费，杀鸡取卵。国家必须全力以赴培育民生，让老百姓有更大的消费能力，创造生产与消费良性循环的环境，社会也就发展起来了。孔子提出的这两条原则，体现的是一种人文关怀，基本出发点是推己及人，善待别人，别人才会善待你；尊重别人，别人才会尊重你。人和人的关系是相互的，一个人自私自利，斤斤计较，以自己为中心，欲望不断膨胀，想获得大家的尊重，适得其反。特别是那些手中有权力的人，不懂得权力是用来为大家办事的，却以权谋私，损害众人利益，结果为人痛恨，哪怕你位置再高，权力再大，都得跌下来。

宽容是美德，是大智慧。胸怀宽广，谦让待人才是博大，才具有强大而深厚的感染力。

临事以敬：程门立雪

欲知子弟读书之成否，不必观其气质，亦不必观其才华，先要观其敬与不敬，则一生之事，概可见矣。

——［明］何伦《何氏家规》

要想知道子弟读书有成与否，不必看他的气质，也不必看他的才华，只要先看他是否抱有敬意，就大致可以预见其一生的前程。

看一个人做事能不能成功，首先就看他对待事情的态度。为什么这么说呢？因为办事的态度在很大程度上决定其成败。明朝人何伦说过，看子弟读书是否有成，先看他是否怀有恭敬之心。虽然他说的是读书，但实际上办任何事情都是如此。更大一点说，看一个人的前程，先观察他为人处世的态度，大致可知。

宋朝有一位很有名的学者叫杨时，南剑将乐人，也就是今天福建将乐县。此人自幼聪明，善于写文章。长大以后，他专心读书，经史百家，无不阅览。北宋熙宁九年（1076），他科举及第，考上了进士。

当时有两位大学者，名望很大，是一对兄弟，兄长程颢，弟弟程颐。他们俩讲授儒家学问，讲孔子和孟子学说，阐述自己的心得与创见，成为儒学新流派，后人称之为理学。洛阳一带中原学子拜他俩为师，门徒颇众。杨时中举后本应入仕做官，但他没去，反而跑到洛阳尹川书院拜程颢为师，专心致志研习理学，学到了程颢学问的精要。

杨时学成回家，程颢望着他的背影对别人说："我的学问将在南方传播了。"显然，程颢已将他视为传人，可以传播自己的学问。

四年之后，程颢去世。杨时听到噩耗，悲痛万分，在自己的卧室中给老师程颢设灵位，恸哭祭奠，撰文哀悼。

杨时热衷学术研究，程颢死后，他又回到洛阳，再拜程颢的弟弟程颐为师。此时杨时已经40多岁了，早就过了求学年龄，而且自己的学问做得很好，但他依然谦虚，一生都在求学。

有一天，杨时去拜见老师，不巧程颐正在打瞌睡。杨时和同学游酢见此情景，不敢惊动，就站在廊下等候。外面飘起雪花，天气很冷。这么冷的天谁都想进屋取暖，可是这两位学生却一直在门外守着，等到老师醒来，才敢进去。他们抬起脚来，才发现门口积雪已经一尺多深了。这是一个真实的故事，成为有名的典故，叫作"程门立雪"。程门立雪表现的是求学的虔诚和对师道的尊敬。

学习需要拜师，中国古代的传统是尊师重道，讲"天地君亲师"，可见对老师有多么尊敬，与双亲祖宗几乎同格。这有什么意义呢？有人不以为然，老师有什么了不起的。中小学生家长对老师意见不小，有些老师师德不彰，学问不精。社会上反映的问题确实存在，我们要怎么认识呢？老师应该做教育家，以教书育人为使命。现在最主要的问题，首先，在于教师是职业，谋生手段，拿着微薄的工资，生活拮据，老师本身没有尊严，怎么会热爱这份工作，因此，他们和众多的打工者有着共同的心态。教育就好不到哪里。其次，对于教育没有热情与专业知识的人主管教育，学校行政化，不讨论学问，片面强调知识灌输与升学率，教育的方向出了偏差。此外还有一些问题，讲这些并不足以成为不尊重老师的理由。老师的问题在写给老师的书里说，现在我们来谈谈作为学习者应该怎么办。

我经历过全社会批判文化、批斗老师的年代，也遇到过学问不怎么样的老师，自己年轻气盛，觉得老师有什么了不起的，捧着书本自己学习，读得更多、更快。抱着这样的想法，自己在读书的路上一路狂奔，不知不觉中，书读得越多，发现自己的缺漏越大，感觉到老师的重要性，遂由逆反变成尊敬。

世上确实有自学成才的人，这种人天分很高，他们的成功是不可复制的，因此不能成为教育的样本。教育要面对的是所有人，必须选择可以复制的模板，所有拿个例来否定一般，诸如李白没有读过大学却是最了不起的诗人等，都是诡辩。关键不是有没有李白，而是绝大多数人并非李白。教育要让不管什么人都能有所成就，指点你通往李白的路，带着你一起走，直到你走不动，能走多远就看你的努力了。

自学的人有两个明显的缺失，第一是没有规范，就像做工没有工序，喜欢的多做，不喜欢或者不懂的就不做，结果什么都做不成。第二是会错过真正的精彩。真理往往潜藏在平实无华之处，自学的人则喜欢华丽动人的词句。花的美丽来自根的培育，无人点拨就弄不懂。读书固然是一件好事，但是不会读就未必那么好。读书不悟，满脑子装满别人思想的碎片，还读出一身戾气、傲气，看不起人，根本没有领悟读书的精妙，出言狂妄，反而读出一身的浅薄。从古至今全世界毫无例外地建立学校教育，拜师学习，第一是扎实的系统性、规范性训练；第二是领悟力的培育与开发。老师就起这个作用，不仅是教你知识，重在点化你开悟。只有明白最关键的这一点，你才能读懂韩愈的《师说》，在具体的知识上，“弟子不必不如师，师不必贤于弟子”，但在上述最关键的两点，则“古之学者必有师”。

尊敬老师常常是心高气傲的年轻人不愿意做的事情，凭什么我要敬你呢？人心中都有傲气，不容易低下头来向人学习。拜师最重要的不是对于具体的哪位老师的盲目尊重，而是在克服自己心中那股傲气。并不是说因为你是老师，不管怎样我都得听你的，这不叫尊师。老师代表的是文化，是学统，在传授知识。同一个班级，为什么有些同学学得特别好呢？因为他们很专心，诚心诚意，心平气定。学习的时候一定要把自己的心气放平，虚心听讲，愿意去接受，这就表现出对老师的敬，对文化的敬，努力吸收，认真思考，增加知识的积累，到一定的量，便会产生突破性的感悟，举一反三，一通百通。学习的进步不是量的增加，而是一个接一个境界的突破，从而产生飞跃式的进步。没有这份虔敬的学习心态，上课像电台的听众点播，专挑自己喜欢的课，听课犹如听相声，专注于听老师哪里讲错，哪个发音不准确，逮到了高兴得不得了，奔走相告，你看老师连这个字都不会读，自己得意。如此一来，这堂课等于白听了，生命中宝贵的一个小时完全浪费掉，对你无益，对老师无损。

在教育史上，我们看到有很好的学者却没教育出几个出色的学生，相反，有些水平一般的学者倒是教育出一批优秀的学生，道理在哪里呢？关键在于学生。学生如果有虔敬的心，凡事认真思考，深入领悟，就有可能超过老师，青出于蓝而胜于蓝，所以说看一个人的态度就知道他能不能成事。

尊师其实是在培育自己内心对文化和学习的虔诚之心，而不是对老师的盲目顺服，韩愈在《师说》里已经点出来了："吾师道也……道之所存，师之所存也。"

古人对于敬的重视，由来已久，我们看看当初如何造这个字，就会受到很深的启发。

恭敬的"敬"，今天简化字左侧上面是草字头，其实这个字左边原来不是草字头的"苟"字，而是"苟"字。"苟"是什么意思呢？汉代字典《说文解字》说，"苟"的意思是自我告诫、自我反省。自己在内心好好想，告诫自己好好理解事物。"敬"的右边不是反文旁，而是"攴"字偏旁，读"pū"。"攴"的意思是拿鞭子打，意味着什么呢？鞭策。激励自己深入冷静地思考，认识事物的本质。这就要求诚心诚意、全神贯注去做一件事，便是敬。敬就是一种恭敬、虔诚的态度。

古人读书的规矩很多。当年我做历史人类学的研究，到很多乡村采集基因和乡村谱牒文书，访问了不少祠堂，其中保存一些旧时文物。祠堂是宗族祭祀祖先的地方，人们在祖宗面前必须恭恭敬敬。所以，古代很多小学都放在祠堂里面，在祠堂廊下摆课桌椅，小孩子读书先向孔子行礼，摆正书本，不能歪歪斜斜，然后恭恭敬敬地朗读。一般人读书，也要洗手、焚香。洗手不弄脏书，不浪费纸张，点一炷香，让自己的内心静下来。这些环节并不多余，都是为了营造虔诚的心态，读书才有最佳效果。

读书也罢，做事情也罢，马马虎虎，甚至玩世不恭、桀骜不驯的态度是肯定做不好的。做人也一样，一定要尊敬别人，礼貌待人。古人如何待人接物呢？不分尊卑高下，大家都郑重其事。老师上课穿着端庄整齐，并不是要打扮自己，而是通过衣装向对方表示礼貌，决不能随随便便，邋里邋遢上讲台。讲课是在传授文化，传授知识，必须恭敬而端庄。老师正，同学也跟着正，清晨朗读，澄净心灵，端坐读书，凝神思考，既培养做事的心态，又养成良好的习惯，行住坐卧都要有范，就像军人走出来便可以看出部队的风貌，一个人的姿势也能看出他的教养与态度。

有了恭敬之心，我们就能消除倨傲之气。简简单单地读书，却可能出现截然相反的效果。有些人越读越觉得自己高明，嘲笑别人，越读越高傲，脾气也越读越大，以为自己无所不知。在自我感觉高大上的时候，沉稳宁静的心就被消磨掉了。另一种人则是书读得越多，越不敢轻易乱讲话。事情了解得越透，就越有敬畏之心，发现天地间万世万物是如此错综复杂地相互联系，我们往往只见到一个局部，像盲人摸象一样，难以掌握全局，于是越发感觉到自己所知甚少，人越读越平和，越善于听人讲话，哪怕其中包含着错误，但有他的心得和道理，我们就可以从人家的只言片语里获得启发而受益。这就是古人告诫人们的话："谦受益，满招损。"

所以我们需要始终保持对事物的虔敬之心，让自己永远走在学习的路上。谦虚使人进步，千万不要让自己的心被傲气、戾气所遮蔽。

古往今来，多少人都在琢磨“敬”字，探讨其深刻的道理，用以教育子女。

曾国藩曾经告诫子弟说：“天下古今之庸人，皆以一惰字自败，天下古今之才人，皆以一傲字自败。”（《曾国藩家书》）什么是庸人？见识浅陋，得过且过，无所作为的人。他们本应奋发，还能有点进步，可是这样的人往往喜欢偷懒，所以自讨失败。那么，很有思想才华的人的毛病出在哪里呢？败在骄傲，自视太高，把什么事情都看得很容易，专门挑他人短处，书越读越觉得自己了不起，仿佛无所不知，最后败在骄傲上。所以，做人与其终日居高临下，不如学会高山仰止。

就说读历史，有些人总认为今人比古人聪明，懂得更多，更加了不起。抱着这种态度读历史，你已经有一个先入为主的立场，就是自己比古人高明，所以总是俯视古人，很轻易就以愚笨无能、好大喜功等一堆乱七八糟的价值评判标签去品评古人、往事。可是真相呢？在处理事情的过程中，古人是如何审时度势做出决断的，有多少的真知灼见和智慧之处，你都没有看到。我常常在想，历史是古代杰出人物的思想言行的记录，为什么会记载某个人，收录某一篇文章，那一定是因为杰出，有独到之处。所以，我会以谦虚的心态去学习，好好体悟。用仰望历史人物的态度阅读，能够发现其中的大智慧，而不是权谋术数和阴谋手段。从书中读出什么，同读者的为人颇有关系。

有没有敬业之心，适用于个体的人，也适用于一个群体或者社会。

中国近代曾经落后于世界，有外国学者觉得不可思议，一直领先的国家怎么败得那么惨？他在20世纪初来到中国，到各地考察，尽力了解民情习俗，有些情况让他很吃惊，发现一个大的问题，就是人无敬畏之心，在工作上缺乏敬业精神。他观察工人如何做工，见到不少工人常常换工作，用今天的话叫作跳槽。为什么跳槽呢？是因为才能得不到发挥吗？还真不是，而是为了钱，他们奔着更高的工资而去，却从来不问自己有什么水平，能做什么事。而且，很少有人愿意一辈子做一件工作，精益求精。这同国外职工换工作的动机很不一样。更换工作是为钱而不为实现自己的理想才华，就难于把工作真正做好，功利心太强，工作责任心便弱化了。所以，他认为中国近代落后的一个原因，是人缺乏敬业之心。

一个社会的成长同民众的恭敬、敬业的风气密切相关。有敬业的精神就会全神贯注，专注于一件事，有始有终，坚持不懈，而不会轻易地见异思迁，这山望着那山高，永远感到不满意，结果一事无成。

德国是制造业大国，所制造的汽车享誉世界，其中有一个岗位是拧螺丝，有员工在这个岗位上做了一辈子，从来没有抱怨过，天天上班就想怎么把螺丝拧好，一拧拧了几十年。瑞士手表独步天下，工匠一生手工搓磨，精工细作制造每一个零件，想的不是一只手表赚多少钱，而是怎样将它做得最好，就这样诞生了手表王国。这是工匠精神，对自己的工作有感情，虔敬而专注，成为生命的一部分，所以做什么都能够做成精品。

中国古代也有许多这样的事例。初唐书法有四大家，其中一位叫欧阳询。现在很多人练习书法，入门临的帖便是他的《九成宫帖》。欧阳询书法精妙，能够萃取众家精华而集大成，让人赞叹不已。欧体字感动人的力量不仅在于字的间架结构非常优美，恰到好

◎欧阳询摹碑

处，更在于将唐人法度严谨和刚健有力的文化精神传达出来。欧阳询一生都在探索书法的真谛，从其楷书可以看到他对于文化和书法艺术近乎痴狂的执着追求。纯粹追求技法的人，将书法作为技艺，无法领悟其神妙之处，写得再好也只是工匠的字。真正撑起书法神采的是文化，必须理解每一个字的结构，理解它最初的象形含义所体现的文化理念，以及如何将自己的理解用书法表达出来，写出个性的风采。所以，提高书法艺术水平需要很高的文化修养。欧阳询为此博览群书，精读《史记》《汉书》《东观汉记》等历史著作，研究其精义，日夜琢磨。有一次，他骑马外出，在道旁看到书法名家索靖写的石碑。这一望马上被吸引住了，他驻马观察，在手心里摹写，越看越精妙，几次离去，又转回来观看，来来往往，琢磨再琢磨，最后干脆不走了，下马在碑前摊开席子坐下，贴近细看，凝神默记，将其神韵铭刻于心间，直到完全明白了，才依依不舍地离去。他这一坐，整整坐了三天。那种忘记外部世界的存在，将自己同艺术融为一体的境界，使他成为一代书法名家。

敬能聚德：高山流水

主敬则身强。内而专静纯一，外而整齐严肃，敬之工夫也；出门如见大宾，使民如承大祭，敬之气象也；修己以安百姓，笃恭而天下平，敬之效验也；聪明睿智，皆由此出。庄敬日强，安肆日偷。若人无众寡，事无大小，一一恭敬，不敢懈慢，则身强之强健，又何疑乎？

——［清］曾国藩《诫子书》

恭敬自律的人身体强健。对内专心宁静、精纯一体；对外衣着整齐、态度严肃，这是敬的基本功。出门如逢贵宾，用民犹如主祭，这是敬的气象；修炼自己来安抚百姓，恭敬笃诚使得天下安定，这是敬的效果；聪明睿智都是因此而产生的。庄重恭敬者一天天强大，傲慢松懈者一天天衰败。如果不管人多人少，也不论事情大小，无不恭敬对待，不敢懈怠，那么自身之强健，用得着怀疑吗？

古人说：“敬，德之聚也。”（《左传·僖公二十三年》）我们的德从哪里汇聚拢来呢？从敬中来，专心致志，心思凝聚于一处，万籁皆寂，沉静至精纯的地步，各种好的因素自然集中过来，在物我一体中感悟了，升华了，洗尽铅华与喧嚣，沉淀下来的是本性的真善美。

做人须“敬”，治国也是如此。西周取代了商朝，不是简单的改朝换代，而是治国理念的一大转变。商朝人信鬼神，夸张而抽象。周人取而代之，将信鬼变成为敬天，做事要看天意。那么，什么是天意呢？不是去烧香、占卜、问鬼神，周人认为天听自我民听，民意就是天意，故敬天就必须恭恭敬敬地听从天意，老老实实地做事情，谦虚地顺应事物的自在规律，全力以赴保护百姓，最大限度地满足他们的需要。这便产生了西周最根本的治国理念：敬天保民。周文王、武王和周公等政治领袖在治理国家方面从来不敢掉以轻心，全都尽心尽责，唯恐哪件事情没有做好。

这种治国精神成为古代政治传统，大凡治理得好的时期，便是当政者以天下百姓为念而心怀敬畏谨慎施政所成就的。中国古代的鼎盛时期，公认是唐朝。唐朝的开拓者唐太宗反复讲过，打天下，夺取政权，大权在握，很多人想要得到什么呢？当官用权，享受权力带来的无限风光。唐太宗告诫大家，有了权以后更要懂得害怕。因为你有了权，就不再是普通人了，特别是皇帝，你说的话下面必须执行，你随口说一句，可能一件坏事就做出来了，而且是全国性的坏事，所以，唐太宗不敢随便讲话。他对国家和民众所怀抱的敬畏之心，体现在国家治理之上。他介绍治国的心得是战战兢兢，如履薄冰，要十分小心，一件事情要掂量再掂量，琢磨再琢磨，不敢随便拍个脑门就出台一项政策，掉以轻心，如同儿戏。拍脑门出政策，往往朝令夕改，国家的威信因而遭受损害。处理政务要三思而后行，从国家的治理到人与人的关系。能够与人长期相处，也是因为有敬的精神存在其中。有了敬，你就不会骄傲，就会尊重别人，和别人平等相处，相知、相敬、相互理解，才会产生真诚的友谊，又在相互帮助与启发之下，加深对世界的领悟。

中国古代有一支非常著名的古琴乐曲叫作《高山流水》，它后来成为天地知音的象征。讲的是什么故事呢？春秋时期，楚国有一位著名的音乐家伯牙。古籍中有许多关于伯牙的故事，明朝小说家冯梦龙把这些故事整理归纳，写得更加生动，感人至深。

伯牙从小非常聪明，天赋很高，酷爱音乐，拜当时最有名的琴师成连为师，整整学了三年，琴艺精进，成为很有名的琴师。名气越来越大，喝彩之声越来越多，他却越来越苦恼。因为他知道人家喝彩的是技艺，其实弹琴的技法并不是最重要的。琴师究竟要表达什么，这才是音乐的灵魂。所以音乐不是技巧的问题，而在于所展现的境界。在这个方面，他一直觉得自己已经达到限度，不能再上一层楼，因此很苦恼。

伯牙的老师成连也知道他的心思，但是，自己已经没有能力再教这个学生了。于是，成连跟伯牙说："我已经把全部的技艺都传授给你了，你的音乐感受力和悟性都很强，现在我已经没法再教你了。但是，我还有一个老师，像仙人一般的老师。我带你去找他，向他学习，继续深造。"伯牙听了很高兴，连声叫好。他们俩坐船出了东海，来到蓬莱海岛之上。成连跟伯牙说："你就在这里等候，我去接老师过来教你。"成连划船走了。伯牙便在那里守候着，一直没有等到成连接老师回来。

孤零零一人在海岛之上，伯牙最初感到伤心，眼见大海，是波涛汹涌；回望海岛，山林一片寂静，鸟在叫，鹰在飞，它们的声音交织在一起，此起彼伏，时而高亢，时而低沉，像是欢快的鹊舞，又像是倾心的细诉，婉转跌宕。伯牙渐渐把内心的悲伤、无望的等待统统都忘了，内心归于平静，自己完全和大自然融合起来，耳聪目明，感受天地间最细腻的音声景色，海不再是当初望不到边的苦水，整座海岛层次丰富而饱满，风吹树摇，飞鸟欢歌，在海浪的低音伴奏中，构成最优美的乐章。伯牙把自己的感受用古琴演奏起来，弹着弹着，大自然和谐之美在琴声中流淌出来，一直难以突破的关节一个个打通，琴艺发生了不可思议的变化，突飞猛进。伯牙不顾一切地弹奏，想把眼前的美景和自己的领悟全都展现出来。这时候成连回来了，静静地站在伯牙身旁，为他击节庆贺，告诉伯牙其实这世上并没有那位仙人老师，带他到这里就是让他感受大自然，获得心灵的感悟，只要内心虔诚，对天地充满敬意，就一定能够学到古琴最精妙之处。伯牙成功了，成为最好的乐师。

伯牙学艺的经历告诉我们，如果没有对事物的敬爱和不懈的追求，永远不可能真正踏入最高的境界。

伯牙后来到晋国做官，当了大夫。有一次，他出使楚国，遇到大风，只好在汉阳江口停留。待到风停之后，他站在船头，见一轮秋月从云中缓缓露出，仰望清澄夜空，俯视烟波浩渺，顿时琴性大发，拿出琴来，抚曲一首。弹得正在兴头，山里走出一位樵夫，连连赞美伯牙。伯牙很吃惊，一个砍柴樵夫也懂琴啊？他试探着问道："您知道琴的优劣吗？”樵夫要过伯牙的琴，仔细端详一番，告诉他：“这把琴叫瑶琴，是伏羲氏所造。做成琴身的那棵梧桐树很高，有三丈三尺，截为三段，上段树木做的琴声音太轻，下段树木造的琴声音太浊，只有中段做的琴正好轻浊相济，以后再把这段木头浸在水中72天，择吉日良辰做成乐器。这把琴最初有五根弦，那是根据金、木、水、火、土五行，定音为宫、商、角、徵、羽，五根弦据此确定下来。周初文王给它加了一根弦，就是文弦；后来周武王又给它加了一根弦，就是武弦。因此，这张琴称作文武七弦琴。”说得伯牙一阵阵心惊，山野竟有如此高人！他太高兴了，推琴而起，向樵夫施礼道：“贤士，请问贵姓大名。”樵夫还礼，回答说：“敝姓钟，贱名子期。”这就是钟子期。伯牙感叹道：“相识满天下，知心能几人？”他让身边的童子焚香，和钟子期结为兄弟，相约来年中秋时节，到此地再相会。

第二年中秋节，伯牙如期而至，可谁知道这一年里他们两人已是阴阳相隔，子期去世了。伯牙非常伤心，到子期坟前抚琴，弹奏自己平生最喜欢的琴曲，泪流满面，最后弹了《高山流水》，曲终弦断，伯牙仰天叹道：“知己不在，我还为谁抚琴呢？”言罢将瑶琴祭在坟前，从此不再弹琴。

在这个故事里，我们看到伯牙和钟子期两人，一位是对艺术满怀热情，专心致志地追求而达到至高的境界；另一位则对音乐有非常深刻的理解，显然也是感情纯朴之人。他们都对自己喜欢的事物身怀敬意，至诚至真，进入纯朴的境界。当这样两位性情至纯的人不期而遇，通过音乐而心灵相通，互相敬重，成为一生难得的知己。这种心

◎伯牙子期

心相印的相互敬重成为人生最难获得的知音，犹如琴曲《高山流水》上八段为高山，下七段为流水，相互呼应，天造地设，最为完美。敬而至诚，物我两忘，《高山流水》的境界成为中国千年传颂的美谈。从伯牙学琴到获得钟子期这位知音，都围绕着一个“敬”字展开，有敬重、敬畏之心，凡事便诚心诚意，追求完美，便能够拒绝与之无关的许多诱惑，专心致志，不会漂浮与轻狂，变得像巨石一般沉稳，任凭风吹雨打毫不动摇。家训强调“敬”，为的是打造子孙刚毅的性格。具有敬畏之心，自然会对天地间万事万物满怀珍惜与感激之情，能够和谐地融入大自然，努力工作，回馈社会。所以，“敬”是为人处世的根基，打好这个基础，便可立于不败之地。

处世以诚：曾参杀猪

万事须以一诚字立脚跟，即事不败。未有不诚能成事者。虚伪诡诈，机谋行径，我非不能，实不为也。

——［明］王汝梅《王氏家训》

万事都必须以“诚”字立足，就可立于不败之地。没见到不诚的人能够成事的。虚伪诡诈，权谋手段，我不是不会使，而是不使。

每当春天来临，漫步于鲜花盛开的风景胜地，人人脸上绽放出最纯真的笑容，灿烂而率真，大家都显得轻松自如。那是因为我们把一切都放下，敞开心扉，回归大自然。此时，人变得如此纯朴，感觉到外面的世界什么都美好。本真让世界变得美丽，因为这里包含着一个非常重要的因素，那就是诚，诚恳的诚，诚实的诚。

在人与自然的关系中，我们一定要敬畏自然，有敬畏之心才能做成事情。同样，我们还要有诚，去除各种杂念和偏见，真正感受到自然之美，产生发自心底的喜悦。人和自然的关系只能是坦诚相见。为什么呢？因为对大自然的敬重，是人类赖以生存的基础。

对于大自然的敬畏，在古人身上表现得非常明显。从人和自然的关系中，古人体会到人必须顺从大自然的规律进行各种生活和生产活动，才能得到好的结果。在大自然面前，容不得半点虚假和傲慢。上古时代有一本书叫《鬼谷子》，其中说道："持枢，谓春生、夏长、秋收、冬藏，天之正也，不可干而逆之。逆之者，虽成必败。故人君亦有天枢，生养成藏，亦复不可干而逆之，逆之虽盛必衰。此天道、人君之大纲也。"这段话告诉我们，天地运行自有其规律，春生、夏长、秋收、冬藏，四季往返循环，这是天之正也，也就是天道的规律。我们必须遵照自然规律进行生产和生活，如果你非要逆着做，即便偶尔取得成功，最终必将失败。作为国家最高统治者的人君也必须知道这个道理，率领百姓春季耕种，夏季生成，秋季收获，冬季储藏，同样不能违背这个规律，逆着做哪怕取得短暂的繁荣也必将归于衰败，只有老老实实地面对它，才能繁衍生息，经久不衰，这也是天道，是统治者治理天下的大纲。人类社会的发展有生产、教育、创造、保持等阶段，必须同自然界相调适，才能繁荣昌盛。所以，古人跟我们说："人法地，地法天，天法道，道法自然。"

老老实实地承认并遵循自然与社会规律，就是"诚"。诚这个字，其写法也表现出最基本的要素。诚字的偏旁是"言"旁，表示说话。言旁的另一边是"成"字，有靠近的意思。靠近什么呢？靠近言行一致，靠近真诚，靠近诚信。所以，"诚"字告诉我们，做人要注意两个方面：

第一讲的是对外方面，对外人，对外界，要真诚相待。

第二讲的是内在方面，要老老实实地面对自己。

从以上两个方面组成的“诚”字，我们分别来考察。

我们先来看“诚”对外的方面，首先就是要诚实。大家都知道“狼来了”的故事。从前有个牧童在山里放羊，他总想捉弄大家，便想出一个花招，大声喊叫：“狼来了。”大家听说狼来了，奔跑过去救他，结果没有狼，被骗了，白跑一趟，满头是汗，牧童很得意。第二次他又喊狼来了，大家又信以为真，再跑过去救他，还是没有狼，又被骗了。第三次，狼真的来了，牧童拼命呼救，喊得声嘶力竭，一个人也没来，因为大家以为还是恶作剧，结果牧童被狼吃了。这个故事告诉我们，做人首先要诚实，这是与人相处最重要的基本点。

诚实要从日常生活的一点一滴培养起，对于小孩子更不能随便，小的时候，父母亲的一举一动会对孩子产生终生影响。我们说教育，教育是言传身教。人生最初的教育来自父母，如何培养孩子的诚实之心，不撒谎、讲真话呢？这件看似容易的事情，许多父母亲却常常出错。

孔子有三千个弟子，其中最杰出的有七十二个，曾参堪称楷模。有一次，曾参要同夫人上街，儿子很小，吵着也要去。带孩子不方便，曾参夫人便安抚孩子道：“你别闹，在家里好好待着，妈妈回来后杀猪做肉给你吃。”孩子听了很高兴，不闹着出去了，乖乖待在家里。其实做母亲的只是哄哄孩子，哪里舍得真杀一头猪给孩子吃呢。可是，回来以后，她一看不好了，曾参真的把猪给杀了，剁肉给孩子做菜。妻子上前责怪曾参：“咱们哄孩子，你怎么可以当真呢？”曾参对妻子说："孩子是不能欺骗的。他年纪小，不懂世事，只得学习别人的样子，尤其是以父母作为生活的榜样。今天你欺骗了孩子，玷污了他的心灵，明天孩子就会欺骗你、欺骗别人；今天你在孩子面前言而无信，明天孩子就会不再信任你，你看这危害有多大呀。"

曾参杀猪的故事，值得我们好好品味。如果自己的孩子爱撒谎，那就要寻找根源，他为什么形成这个习惯呢？是不是我们哪里没有做好呢？

"诚"首先从诚实做起，这是做人之本。一个人满口谎言，投机取巧，喜欢骗人，甚至以为反正我骗了你，拿到利益，以后也见不着，怕什么呢？这想法似乎有道理，其实是自己挖坑往里跳。什么道理呢？因为他没想到整个社会是环环相套的链条，你这么想别人也这么想，结果你一定会被骗。我在乡村做调查的时候，见到有的农家种田养猪，一块地种的是自家吃的粮，一栏养的是自家吃的猪，其他则是卖给别人吃的。自家吃的不用有害的农药，卖的那份则放胆使用，化肥、催生素超标不知多少倍。也许他觉得自己是安全的，可是人人都这么做，你怎么知道种子、化肥是真的？在这条链上，有谁能够幸免呢？从整体而言，欺诈是"搬起石头砸自己的脚"。

诚实有善报：高允因祸得福

君子之言，信而有征，故怨远于其身；小人之言，僭而无征，故怨咎及之。

——《左传·昭公八年》

君子说话有根有据，所以远离怨恨，祸不及身；小人讲话没根没据，谣言中伤，因此引来许多是非，惹祸上身。

讲话不老实，会惹来很多是非。中国古代历史的经典著作《左传》告诉世人这条道理。其实，诚实是最好的护身符。

南北朝时代，北魏有位大臣名叫高允，出自河北的名门望族——高氏家族。这个家族有名望不是因为有权有势，而是家风好，孩子教育出众。高允出自这个家族，小时候在家里喜欢读书，重学轻财，曾经把家产让给弟弟，自己出家为僧。在寺院里，他无书不读，不光是念佛经，而且也读文史百家，对于人情世故看得透彻。为了读书，他甚至背负书笈不远千里拜师求学，弄通一门门学问。光阴似箭，他到了四十多岁，还是埋头读书，没有出来做官的意思。可是，他做学问的名气太大了，有人推荐他，朝廷硬是给他安了一份差事，让他去审理案件。然而，这次办案出了大问题，原来一道办案的官员贪污受贿，遭到检举。朝廷追查下来，确有其事，审案官员一个个被抓了起来，只有一个人安然无恙，就是高允，整个班子就他一个人廉洁奉公，没有贪赃枉法，让大家看到了他品德的清白无瑕。

这个案子尘埃落定之后，高允得以全身而退。他无心继续做官，回家教书去了，带出数以千计的学生，其中不乏佼佼者。由于他的名气实在大，学问又好，北魏朝廷请他去编修史书。

在古代，修史是非常重要的国家事业，因为国家只有客观地总结历史，才能找到自己的问题和前进的方向，所以，历朝历代总是挑选富有学养的高官，组织一流学者编修历史，史官成为受人尊敬的清要官职。北魏皇室来自北方大草原，建立政权之后，深知治国需要文化的道理，逐步转型，越来越重视文化，不断提升自己，特地安排最重要的官员崔浩主持编修本朝历史，给他配备高允等最好的学者，一同修国史。

一个班子搭起来，里面就有各式各样的人，尤其这个组织的权力越集中，主事者对于部下黜陟权力越大，下面溜须拍马、推卸责任的人就越多，崔浩修史班子当然也不例外。崔浩手下有一个叫闵湛的人，此人见崔浩官大权重，便使劲逢迎拍马，吹嘘崔浩注的儒家经典水平之高，前所未有。崔浩之前注疏儒经的是大学者，诸如马融、郑玄等人，他们的注本至今仍是必读之作，堪称不朽。闵湛为了吹捧崔浩，竟说前人的注疏错误百出，远不及崔浩，因此上表请求朝廷将前代大学者的注本统统收掉，颁行崔浩的注本，供天下学习。而且，他还建议朝廷让崔浩不但继续注释儒经，还主持编修国史，将新修国史刊刻于石碑之上，永垂不朽。高允感觉到不对头，如此胡吹瞎讲，其本质是闵湛在钻营，为自己捞好处。崔浩被这么吹捧，把持不住自己，真以为自己水平如此之高，飘飘然，其实他离祸不远了。果然没多久，崔浩“国史案”就爆发了。

北魏皇室起自今日内蒙古呼伦贝尔大草原，起初文化落后，陋习不少，组织制度和官职名字都保存了不少原始的东西。进入中原以后，他们文化提高了，不喜欢有人再提起过去那些事情。崔浩修史，秉笔直书，触碰到北魏这些事情，如同揭人伤疤。更严重的是史书真的刻在石碑，立于通衢大道边，引来许多人围观议论，激起北魏权贵恼羞成怒，纷纷到太武帝拓跋焘那里告状，于是爆发了国史大案。

太武帝勃然大怒，动真格要杀人了。这一天，高允在宫中，太子突然跑来找他，跟他讲：“等会你随我入宫见皇上，我怎么说你就跟着说，千万别乱讲。”高允随太子入宫，见到皇上端坐在皇位上，一脸怒容。太子先上前跟皇上说：“高允这些年跟着我，教我读书。他为人谨慎，品行端正。所以崔浩做的那些事与他无关。”高允这才知道，皇上今天亲自审问国史案。

太武帝听了太子的介绍后，问高允：“崔浩修的国史到底是谁写的呢？”高允回答哪些部分是谁写的。到了最让太武帝生气的部分，高允如实说：“这部分是崔浩和我一起写的。崔浩因为国务繁忙，所以更多是我写的，他只是总的把握一下。”这下子坏了，高允把责任揽到自己身上了。太子想帮他洗脱，他反而自己揽上身来。太武帝一听，呵斥道："原来你比崔浩还坏，这些竟然是你写的。"场面顿时变得非常恐怖，因为皇上要杀人了。太子赶快出来打圆场说："皇上，您今天太威严，高允被您吓坏了，所以胡言乱语，别听他的，我知道他没写。"太武帝再一次问高允："是这么回事吗？"高允说："不是。主要部分真的是我写的。我今天见到您，没有慌张，也没有吓得胡言乱语，真的是我写的。"

杀人的刀眼看就要落下了。太武帝死死盯着高允，内心的思考和感情都在大起大落的撞击中转盘似的滚动，脸色竟然出现神奇的变化，从盛怒到和缓，在四周死寂般的沉静中，太武帝转过眼睛，对太子说："一个人敢讲真话，特别是在生死关头坚持讲真话，真是人才难得，可以称作诤臣。我们宁可不追究他的过错，也必须要保全诤臣。"高允没有死，他被保下来了。不是太子救了他，而是他的诚实把自己从鬼门关前拉回来了，阎罗王也不收纯真至诚的硬汉。不但如此，太武帝和太子对高允产生新的看法：此人临危不惧，忠诚可靠。

在历史上，这种通天大案通常出现的情况是涉案者相互推卸责任，甚至相互检举，撕咬成一团，结果牵连的人越来越多，而审案者觉得这些人说话都不老实，没有一个可靠的，倾向于从重处罚。他们被人看不起的原因是不诚实，没骨气。高允正好相反，他没有投机取巧推卸责任，而是靠真诚打动人。

如果我们说的诚只是诚实，那还远远不够，因为诚还有更高的境界。《中庸》说："诚之者，择善而固之者也。"也就是说，"诚"还要做到择善而从，并且坚守不易。做人要有原则，要敢于坚持正确的立场，这是“诚”更深刻的方面。

上述高允的事情还没有结束，太武帝信任了他，就把审理国史案交给他来办理。崔浩被带了进来，太武帝审问他，他可不像高允那样在皇帝面前淡定自如，回答问题经常出现错漏，没办法将每件事的条理说清楚，没有把该自己负的责任担起来，而是胡乱推卸。太武帝决定对崔浩满门抄斩，要高允来起草这个诏令。高允接到这道命令，久久不能落笔，他写不下去。皇帝一再催促，要他抓紧把诏书写出来。高允请求皇帝见他一面，说只有再见一面，才敢落笔。太武帝见了他，高允说：“您要我起草杀崔浩的诏书，但是，我觉得崔浩犯的错误罪不至死。所以这道诏令我写不了。”这下子把太武帝惹怒了，呵斥道：“你要气死我，是吗？”高允并不想气死皇上，但是，他真的没办法落笔写这种枉法的诏令。高允再一次坚持了原则，也再一次面对难测的君威。这么一位敢于为原则赴汤蹈火的文臣，太武帝真没办法，只好另外找人起草诏令，杀了崔浩一家，而高允则安然无恙。

等到这件案子风平浪静以后，太子跑去责怪高允，说道：“人要懂得见机行事，不懂此理，书读再多也没有用。”这个说法似乎很高明，许多人也都是这么想的。所谓见机行事在很多时候其实就是见风使舵，投机取巧。对于太子这个说法，高允不认同。虽然太子救他，但是他还是要跟太子讲真话。他说：“我一生读书，并没有想谋求官职。读书就是要读出做人的本分，做人的立场。我们来看崔浩这件案子，他当官有骄横跋扈和办事出格的地方，这些都是罪有应得，那是在做官的方面。但是，就国史这件案子来讲，他秉笔直书。历史如果不客观，我们怎么能得到真相呢？没有真相就没有智慧。所以，我觉

◎高允因祸得福

得在国史案这件事上，崔浩没有什么错误。我应该坚持做人的原则。”他这一说，让太子由衷折服。

这个案子也让我们来想一想，很多人以为官场充满尔虞我诈，欺骗说谎，其实还不一定，政治人物在择人之时还是非常看重诚实的。北魏太武帝信任高允，看中他的是什么呢？看重他的诚。人们以为高允在劫难逃，怎会想到他不但平安无事，而且经历生死关头的考验，让他获得了北魏太武帝与太子的信任，历任高官，一生平安。做人如何面对外界，如何与他人相处，最重要的是真诚。真诚能消除很多误会，能化解很多怨恨，能够得人喜欢，真诚的人一定人缘好。所以，好人缘不是靠逢迎别人，而是靠真诚。

诚不仅有对外的方面，还有面对自我的另一面。我们再回到高允这个人来。国史案过去之后，高允曾经对朋友说：“如果我当时不坚持原则，就对不起黑子这个人。”这又是怎么回事，怎么会扯出黑子这个人呢？原来北魏有一位大臣叫翟黑子，他奉皇上的命令充任专使巡视并州。翟黑子官大，又是奉命出巡，下面都怕他，给他送了好多礼物，大量的行贿，他都笑纳了，收了几千匹绢布，这在当时是犯了重罪。回京之后，有人揭发他，眼见事情会败露，翟黑子第一个想到向高允请教，帮忙出个主意脱身。高允跟他说：“你作为大臣替朝廷做事必须忠诚，赶快去自首吧。老老实实地交代出来，应该没有太大的事。”可是，翟黑子不放心，又去问别人，有两个高官朋友跟他讲：“你怎么能招呢？再怎么样都得把这些事情给推得干干净净。你说没收，谁能查得到呢？”这一说，翟黑子生气了，他痛恨高允，从此和高允绝交。但是，真以为贪污的事情没人知道吗？所以，这个案子查下去，果然查得水落石出。皇帝从此对翟黑子失去信任，这个人说谎，不可靠。后来翟黑子又犯了其他罪，数罪并罚，被杀了。他也算是罪有应得。

高允现在为什么重提起翟黑子这个案子呢？因为高允劝翟黑子自首，这是他做人的原则。他不光是对翟黑子这么说，对自己也是如此。他对翟黑子说的话，没人知道，只有自己清楚。高允是非常坦然地面对自己。什么是真诚呢？要对自己老实。有很多事情只有你自己才知道，你不说谁知道呢？但是，你心里很清楚的。这就是孔子、孟子反复给我们讲的一句话："诚者，天之道也。诚之者，人之道也。"（《孟子》）

诚是天地人间的大道，我们要学会诚，坚守诚，这是做人的道，做人的本分。所谓的"诚"，是两面的，对外和对内都须要诚，要诚实面对自然，也要诚实面对自己。一个人的修养、风度和学识，是由内而外流露出来的。一个人真诚于内心，则此人纯洁无瑕，表现出来的就是待人真诚的热情，君子坦荡荡。

曾国藩曾经说过："一念不生是为诚。"一念不生即为纯粹之人，内诚于心，外信于人，诚实、诚恳，真实不虚，率真自然，身上充满阳光雨露和阳刚正气，大家都能感觉到其内心的纯净无染，倍感可靠，具有感人至深的力量。

诚是立身处世的不二法门，只有诚，一生才能走得远，走得稳。孔子说治理好国家需要有三个方面：足食、足兵、民信。也就是说国家经济基础要深厚，大家都有饭吃；国家军事力量要强大，不被人欺负；国家要取信于民，老百姓讲真话，上下左右相互信任，团结一心，安定繁荣。孔子的学生问道：“如果咱们做不到，那么这三条里面哪条是可以去掉，哪条是绝对不能去掉的呢？”孔子回答：“可以拿掉足食，可以拿掉足兵，但是不能拿掉民信。”所以他讲了很有名的话：“民无信不立”。一个社会如果没有诚信，就一定是一个混乱的、危险的、不稳定的社会。同样的道理，在管理国家的时候，如果朝廷是撒谎的，没有信用的，那么老百姓不相信它，上下离心离德，朝廷没有号召力，就在很大程度上失去了组织能力，难以调动整个社会，这样的国家不会真正强大。由此可见，“诚”从为人，到管理一个单位，乃至治理一个国家，都无比重要，它是根本所在。

宋朝著名的政治家王安石对此发表过见解，他在《商鞅》诗中写道：“自古驱民在信诚，一言为重百金轻。”自古管理百姓最重要的就是靠诚信，有了诚信，才能调动老百姓去做事。所以执政者讲一句话、一个字，比百金还要重。然而，注重功利的人往往不相信，见到社会上不少老实人吃亏，就不相信诚，热衷于用心计，耍手段，粉饰自己，推卸责任，经常把很简单、很纯朴的事情弄得花里胡哨，做得很巧。民国时期著名政治家和学者于右任曾说过一句话：“造物所忌者巧，万类相感以诚。”做人做事要往实处去，投机取巧，虚言诳语，见利忘义，此乃造物者所深忌者。人与人能够长远相处，轻松愉快，是因为大家坦诚相待，以心相交，互相感动。而感动的力量在哪里呢？万类相感以诚。

方圆之道：越权逾矩的教训

君子敬以直内，义以方外，敬义立而德不孤。“直、方、大、不习，无不利。”则不疑其所行也。

——《周易·系辞》

君子虔敬地涵养心性使之合于道，以原则规范外部使之端方正直，虔敬和道义立了起来，就不会孤立。正直公平、以原则处世、宏大宽容，不用俗间那套虚伪钻营的做法也一样无往不利。具备这种品行的人无须怀疑其行为。

家庭教育在日常生活的点点滴滴里，无处不在。从生活中学习各种规矩，可以事半功倍。孩子小的时候，开始与人接触，从家庭的亲人开始，教会他各种礼节，如何同人打招呼，向父母及长辈请安，见到小朋友相互问好，吃饭睡觉，行住坐卧，各有规矩。这些礼节、规矩加起来有不少，小时候没有学会，长大以后再想学就非常困难了。不懂得行为的规范，站没站样，坐没坐相，会被人视为没有家教。如果小时候点拨几次，小孩子学起来很快，习惯成自然，长大就很有范了。良好的风度来自生活习惯，所以，从小养成好习惯非常重要。

更加重要的是通过这些礼貌规矩，让人从小就懂得收心，不会放肆而轻狂。我们经常会见到一些人，其实人挺不错，但是言谈举止轻浮，不懂得收敛，显得浅薄，甚至招人嫌。他们往往是因为小时候没有得到这方面的教育，随心所欲而造成这种结果。学习规矩从内在而言，是让人的心不野，学会自我约束，做什么都懂得掌握分寸，善于和人相处，会照顾人，情商高，受人欢迎。

有礼貌、懂规矩的人，做人有原则，办事有底线。《周易·系辞》上面引述的话，讲道“君子敬以直内，义以方外”，也就是做人要正直，不能太圆滑；做事要方正，讲原则。朝着这个方向培养出来的人，古人称为“君子”，现在的人则常说“靠谱”。靠谱的人重道义原则，对人对事都十分牢靠。所以，人才培养，一要懂规矩，二要讲忠诚。

为什么讲规矩同忠诚密切相连呢？因为讲规矩的人坚持原则，成为其做人的基本立场。什么是忠诚呢？不是大哥小弟那种江湖义气，也不是拉帮结派的个人恩义。现代社会，形成了环环相扣的社会与生产链条，每个人都在这根链条上一起工作，不是几个拜把兄弟能够操控的，因此，忠诚必须超越狭隘的人对人的忠诚，形成对于理想、信念、事业、原则的忠诚。只有这样的忠诚才可靠。

忠诚不是与生俱来的，需要学习与培养，从最细微的事情起步。例如人小的时候，就要培养他如何做事情，哪怕是玩耍，都应该有头有尾，养成习惯。小孩子不缺乏好奇心，却也容易见异思迁，没有长性，兴趣点转移很快，思维常常是跳跃式的。大人不能仅在一旁夸孩子聪明，而是要加以引导，有时甚至是有约束力地要求他把一件事情做完，才能转到另一件事上。从小培养孩子有定力，长大以后学习自律，就像树木有根，将来才会壮硕。不要看他人如何投机取巧取得利益，因为咱们看不到那些人内心的煎熬和将来的失败。更何况你不具备狡黠的本事，或许败得更快、更惨。做事有始有终，有恒心，做人自律，有定力，便会立于不败之地。世上成事者几乎都是善于思考并且有持之以恒的精神，道理就在于此。

看一个人靠谱不靠谱，可以从几个方面进行观察。

第一个方面观察其言行。人总是喜欢听好听的话，但古人说“忠言逆耳”，一定要警惕阿谀奉承的甜言蜜语。看一个人有没有忠诚心，不要过于相信个人之间的关系，更不要听信肉麻的效忠言辞。这些道理说起来容易，但时刻保持冷静却难以做到，特别是有权有势之后，表扬的话听多了，人就会犯浑。古人在总结许多了不起的领导人犯下常识性错误的教训时，讲到一个现象，那就是这些领导人都懂得用君子，远小人的道理，但他们十有八九是重君子而不能用，远小人而不能去。什么缘故呢？因为他很注重人与人之间的私人关系，很看重对方怎么表白，把迎合当作真心。唐玄宗宠信安禄山是一个典型的事例。唐玄宗是一位精明强干的政治领袖，经历过武则天时代残酷的政治斗争，也经历过中宗、睿宗时代官场腐败与争权夺利，他政治经验丰富，善于识人用贤，拨乱反正。这样一位将唐朝推向盛世的皇帝，却在晚年无比信任安禄山，亲手了结了自己创造的辉煌，让后人叹息不已。

安禄山来自东北边疆，出身胡人，会讲六种胡人语言，在边境口岸做翻译，投机倒把，有机会时也干点偷窃营生，熟悉多民族风情乐舞，后来在唐朝当兵，立下军功，一直升任节度使，相当于东北军区的司令官，有机会入朝面见唐玄宗。安禄山善于揣摩唐玄宗的心意，经常在他前面装傻，讲笑话，模仿各族人的样子，惟妙惟肖，逗得唐玄宗开怀大笑，很是喜欢。

安禄山是个大胖子，体重据说有三百五十斤，每次穿衣束腰，都要身边的侍从用头顶起他的大肚子，才能系上腰带。他的身材不是一般马匹所能承受，属下为他备马的时候，要先让马儿驮上五百斤的大石头奔走，才敢让安禄山骑乘。哪怕是如此健壮的马匹，也被他压垮累死好多匹。而且，他的马鞍与众不同，在前面要加装一个小鞍，专门用来托住肚子。安禄山和唐玄宗混得很熟，君臣可以随便开玩笑。有一天，唐玄宗问安禄山："你这肚子这么大，里面装的是什么东西啊？"安禄山马上回答："里面装的都是赤胆忠心。"唐玄宗相信了，相信安禄山满肚子赤胆忠心。结果爆发了"安史之乱"，把唐玄宗从皇位上拉扯下来的就是这个赤胆忠心的安禄山。所以，你能相信这种表白吗？

人与人的关系之中，忠诚献到谄媚，讲话讲到肉麻，这类"忠诚"须要格外警惕，这样的人往往不忠诚。为什么呢？因为其中掺杂了太多的私心和功利。

第二个方面观察懂不懂规矩，守不守分寸。前面讲过一个人成长的时期要学会守规矩，这一点很重要，是一生的准则。有些人曾经做出很大的贡献，也忠诚可靠，但是随着地位上升，最后背叛了自己的初心，完全走到反面。为什么呢？因为随着权力地位的增长，心收不住，得意忘形，做事逾越规矩，欲望膨胀起来，在私利驱动下，欺上凌下，争权夺利，伸手捞取利益，贪污腐败，最后败了下去。此类事例在历史上比比皆是。

北魏拓跋族是来自草原的游牧民族，进入中原以后，整个生产和社会组织形态都发生了根本性变化。中原是农业社会，游牧民族如何管理不同性质的中原呢？他们任用一批汉人来辅佐，其中汉族高门崔浩受到重用。崔氏家族从北朝到隋唐一直是名满天下的望族，当时人排出崔、卢、李、郑、王为天下五大姓，崔氏位居第一。崔家兴旺，分成多支，子弟遍天下，受到很好的教育，崔浩是其中的佼佼者。

北魏统一华北、建立政权之后，重用崔浩，争取到士族大家的帮助，逐步适应中原农业社会，学习汉族的礼仪文明，一步步向中华文化传统靠拢，国家政权日益稳定，社会经济复苏，成为“五胡之乱”以来治理得最好的政权。在此过程中，崔浩立了大功，做出很大的贡献。毫无疑问，他是北魏的功臣。

地位高了，权力大了，崔浩自我感觉越来越好，也越来越看不起北魏统治者，认为他们文化低下，没有自己这种高人指点，恐怕难于成事。人一旦骄傲，做事情就会逾越规矩，甚至发展到不把皇帝当回事。权力是一种腐蚀剂，考验着每个人的品性。

崔浩长期处理政务，水平高，别人难于插上手。久而久之，他变得独断专行起来。在官场上，人事权是各方都想争取到手的，崔浩当然不会客气。有一年，他一口气推荐了冀州、定州、相州、幽州、并州五个州几十个士人到朝廷来当官。因为是崔浩推荐的，下面马上安排职务，各就各位，上任履职。

实际上，任用官员是皇帝权力最重要的部分，崔浩这样做已经逾越了规矩，侵犯到君权。他推荐的人立刻上任，那前面积压下来的官吏候补者怎么办呢？要做官的人太多了，各方推荐的人一般要在组织部门排队等候，这已经成为惯例。崔浩的做法等于插队。于是皇帝亲自同崔浩商量，说为了公平起见，是不是按照过去以年资排队的做法，从积压下来的人开始选派工作，不然下面怨气很大，总不好让新人压在旧人上面嘛。皇帝的意见是合理的，可是，崔浩不这么想，他很不高兴，和皇帝争了起来，不肯让步。崔浩如此固执己见，皇帝拿他没有办法，只好收回意见。结果崔浩获得胜利。

崔浩可能没觉得这是什么大不了的事情。然而，他这么做首先是破坏了以往按照年资逐年安排的用人规则。其次是他让皇帝很没有面子，侵犯了皇帝的权威。他大概没有感觉到这件事情的严重性，早已经习惯大权在握，不容他人置喙。在一旁观察的大臣就不这么看，他们私下议论崔浩越权，再这么下去迟早要出事的。果然，没过多久崔浩国史案爆发，北魏皇帝对他下了重手，满门抄斩。

历史上许多官员变质，大多是从不遵守制度和规矩开始，一步步走向深渊。

第三个方面观察是否摆正公私关系。古代家教强调公私分明，力戒贪小便宜，就是担心孩子长大以后贪污受贿，毁了一生。朝廷选拔官员也非常重视这个方面，注重考察是否廉洁自律。一个损公肥私的官员，他忠于的不是国家，而是在利用国家，因为他很清楚要依赖国家才能最大限度地捞取私人利益，所以，一旦国家发生真正的危机，这些官员就纷纷叛变，中国历史上此类事例实在太多了。然而，"手莫伸，伸手必被捉"。

唐朝的武则天，为了掌握政治权力，大量任用人品不佳的政治爬虫，为她清除政敌，鸣锣开道。其中重用的一个人叫李义府，原来是朝廷中级官员，舞文弄墨，起草文书，做些文字工作，但人品不好，喜欢背后打小报告整人，上上下下都嫌恶他，上司决定将他打发到地方去。李义府绝不肯离开都城这个权力中心，便拼命寻找救命稻草。此人政治嗅觉非常灵敏，特别善于捕捉政治风向。他看到武则天为了废王皇后而陷入苦斗，遭到满朝重臣共同反对，感觉有机会了，连夜到皇宫上表请愿，要求立武则天为皇后。

李义府主动找上门来表忠心，愿为武则天赴汤蹈火，充当打手。这回他投机押宝准了，武则天困境中见到救兵，大喜过望，把他提上来，而他也奋勇冲杀，制造舆论，纠集同党，诬陷大臣，为武则天杀出一条血路。武则天当上皇后，李义府也成为宰相，权势熏天。李义府支持武则天不是出于道义，也不是出于情谊，完全是为了获利而进行的一次豪赌，所以，他当宰相怎能不大肆捞取现实利益呢？他做了很多出格甚至是犯罪的事情，曾经被人举报多次，遭受过处罚。但是，每一次都因为有武则天这个后台，李义府很快就没事了，更奇怪的是每处罚一次，他都能扳回来，而且复出当更大的官，所以处罚简直成了他升官的台阶。如此一来，他在朝廷里气焰更高，目中无人。贪污受贿收的钱，不如卖官鬻爵收入稳定，李义府公然干起这勾当，《旧唐书·李义府传》记载他“与母、妻及诸子、女婿卖官鬻狱，其门如市。多引腹心，广树朋党，倾动朝野”。全家一起出动，不单卖官，连司法审判都可以交易，他家成了巨无霸公司，外间沸沸扬扬。

事情传入高宗耳朵里，他知道李义府有恃无恐的原因，也算是给皇后留面子，他采用温和的手法处理这件事。有一天百官下朝，大家都比较轻松的时候，高宗轻声对李义府说："外面有人举报你的女婿和家人经常做一些出格的事，你看是不是回去约束他们一下，别传得沸沸扬扬的。"高宗让李义府自我纠正，明显在保他。可是，这时候的李义府已经膨胀到狂妄自大的程度，他竟然不领高宗的情，毫无羞愧之色，涨红着脸直接追问高宗："这是谁告诉您的？您把他说出来。"李义府竟要逼皇上交代是谁揭发的。高宗还是隐忍着，说道："你就回去查一查有没有这事，别管是谁说的。"李义府很生气，掉头昂然而去。这对高宗非常无礼，简直是当场扫高宗的面子，让高宗下不了台。高宗被激怒了，下定决心要收拾李义府。

要收拾李义府还真不难，因为一个人不懂规矩，逾越了分寸，政治上一僭越，出格的事情就不会少。李义府相信命，有位叫杜元纪的风水先生告诉他，说他家里有狱气，要积钱二十万缗来镇邪。他听了很高兴，钱没关系，花钱才好，因为这就有名目敛财，收受贿赂，在这方面他绝不会手软。长孙无忌遭诬陷倒了霉，李义府便派儿子李津去找长孙无忌的孙子长孙延索贿，收钱七百缗，替他谋了个掌管池沼的官职司津监。为了敛财，李义府是无孔不入的。这一回，他母亲去世，丧事却被他办成喜事一般。唐朝有个很人性的制度，给官员假期办丧事，称作"哭假"。李义府不在家里好好哭丧，却利用这个假期带着风水先生杜元纪微服出城东，登古冢，看风水，四处望气，占卜算卦，谋划哪里占地，哪里敛财。这回他遭报应了，有人检举他窥觇灾眚，阴有异图，也就是图谋不轨。右金吾仓曹参军杨行颖更是挺身而出，状告李义府。高宗正想收拾李义府，一旦有人揭发，马上将他交给最高司法部门查处。因为李义府官大，高宗特地命令德高望重的元老李勣出来监案，把不可一世的李义府逮捕下狱。官员们抓紧办案，审讯下来，所指控的罪状都有实据。高宗快刀斩乱麻，三天后拍板将李义府除名，长期流放嶲州（今四川省西昌市）；其子李津长流振州；另外几个儿子李洽、李洋和女婿柳元贞也都被除名，长流庭州，一个气焰熏天的政治暴发户就这样轰然垮台了。

这是一个让朝野举杯相庆的消息，人们奔走相告，用各种方式抒发心头的喜悦。京师内外，流传这样一句话："今日巨唐年，还诛四凶族。""四凶"指的是李义府的儿子及女婿。还有人编写《河间道行军元帅刘祥道破铜山大贼李义府露布》，张贴于通衢道口。李义府占有许多奴婢，他一垮台，奴婢各归其家，故露布借用古语称："混奴婢而乱放，各识家而竞入"，描绘了一幅鸟兽散的零乱凄惨场面。

然而，人们始终无法抹去心头的担忧，李义府遭贬已经不是第一次了，每次他都能仗着武则天如此坚强的后台而东山再起，这回该不会例外吧？三年后，高宗封泰山，大赦天下，但却特地规定长流人不在赦免之列。李义府见此诏令，才知道自己大势已去，忧愤发病而死，而提着一颗心过日子的人们，也才长长地舒了这一口气。

从李义府的案子，我们可以看到，一个人私心太重，其忠诚度会逐渐降低，哪怕原来有一点点忠心，但随着私欲膨胀而压倒了公心，其忠诚便会发生动摇。随着官职提升，权力增大，品德上的缺陷会日益暴露出来，从不守规矩越权办事开始，要名要利，损公肥私，习惯以后胆子逐渐大起来，贪污受贿，卖官鬻爵，目无法纪，狂妄自大，到此份儿上，不但背叛了官德，也不会忠于国家了。所以，坚守做人的规矩和原则绝不松懈，至关紧要。

规矩与忠诚：做有原则的人

君之所贵者，仁也。臣之所贵者，忠也。父之所贵者，慈也。子之所贵者，孝也。兄之所贵者，友也。弟之所贵者，恭也。夫之所贵者，和也。妇之所贵者，柔也。事师长贵乎礼也，交朋友贵乎信也。

——［清］朱柏庐《朱子家训》

为君贵在仁慈，为臣贵在忠诚。为父贵在慈爱，为子贵在孝顺。为兄贵在友善，为弟贵在恭敬。为夫贵在和睦，为妻贵在温柔。对师长贵在礼貌，交朋友贵在诚信。

做人要懂得守本分，古代君臣、父子、兄弟、夫妻和师友都有各自的做人原则，家庭教育从学习做人的本分和原则开始，铭刻心间，坚守不渝。

唐朝名臣李勣是跟随唐太宗打天下的开国元勋，立下的军功最大，官也越当越大，从大将军到宰相，再晋升为三公，位极人臣。他地位越高，对家里人的管束则越严格，族人也懂得各自的本分和规矩，所以虽然家大业大，大家和睦相处，相亲相爱，没有一个子弟敢逾越分寸。

后来李勣老了，一病不起，自己知道这次不行了，于是有一天精神稍好的时候，把家里人都召集在一起，郑重地跟弟弟交代后事，说道："我这一生打天下的经历，看到和我一起立大功的开国元勋，像房玄龄、杜如晦等人，位高名重，却连家门都保不住。为什么呢？因为家教出了问题，子女倚仗权势，没规没矩，以为自己是功臣子弟就可以为所欲为，结果触犯法律，甚至大逆不道，把好端端一个家给败了，你们要引以为戒。"李勣把家交给弟弟主持，再三叮嘱道："我走了以后，每天晚上要把家门关得紧紧的，让子弟趁早回家，好好读书。有哪个敢逾越规矩，操行不端，交友非类，你马上动用家法严加惩处，甚至直接杖杀，再奏明皇上，切莫让他们到外面做坏事。"显然，李勣从许多元勋家族的破败，深深地担心自家子女不懂规矩，张狂作歹，祸害家族。

李勣担忧的事情最终还是发生了。他孙子后来起兵反对武则天，结果被镇压，祸及李勣，连墓碑都被推平了。这件事情说明，人不管权力有多大，家世如何显赫，都要教育子女懂规矩，摆正公和私的关系，做到为人清廉，切不可私欲太重。

常言道无欲则刚，没有那么多私心杂念，就敢于坚持原则，守本分的人处理事情刚正不阿。在中国古代历史上，唐太宗以知人善任著称，他有底气，胸怀宽广，所以在看人的时候，不注重个人表忠心，不被世俗的人际关系所迷惑，总能提拔经得起考验的官员。他为什么看人很准呢？因为他看重的是官员是否忠于职守。知道职责所在，并勇于坚守，这才是最可靠的。

唐太宗晚年出了一件大事，废了太子承乾，改立李治。此事对于唐朝政局造成了深刻的影响。李治为人老实忠厚，唐太宗担心他能否镇得住百官，于是殚精竭虑进行人事布置，建立以长孙无忌为主的心腹大臣辅佐班子，逐步进行权力过渡。为了保证长孙无忌掌控局面，唐太宗将一些同长孙无忌不和的大臣清除出去，这就发生了一些复杂的政治事件，张亮案件便是其中之一。

刑部尚书张亮是个能干的人，受到重用，主持全国的司法。这时被人告发，检举他请人算命，称他的命贵不可言。“贵不可言”在古代常常是皇帝命的婉转说法，这就是在政治上企图谋逆的证据。当然，光是这一条还不够，人家还揭发张亮养了特别多的养子。为什么要养子呢？那是暗中积蓄武装，图谋发动政变。唐太宗派人去查，果然有这么回事。于是张亮谋反的罪名成立，被判处死刑。其实唐初地方官员有养子的情况相当多，根本谈不上暗中组织非法武装。在中国古代的乡村，大姓豪强势力强大，地方官想控制一个地方，往往需要他们的支持，所以常常将他们的子弟收为养子，以利于地方管理。因为养子多就断定张亮密谋造反，证据严重不足。可是，当时唐太宗盛怒，断然处以死刑。朝廷官员见此情况，心中有疑问的也不敢多言，只有李道裕站出来跟唐太宗抗争，说加在张亮身上的罪名都缺乏证据，而且也不足以构成死罪。李道裕一个人反对并不起作用，张亮还是被处斩了。

李道裕虽然只是白争了一场，但是他敢于挺身而出，坚持原则，给唐太宗留下深刻印象。后来，朝廷刑部侍郎，相当于司法部副部长，这个官职出空缺，组织部门推荐了好几个人选，唐太宗总觉得不满意。因为他觉得执掌司法大权的官员一定要公正，而且要敢于坚持法律原则，似乎有更加合适的人选。唐太宗先把这事给按了下来，拖了好几天，突然间脑子里面闪现出李道裕的名字，他苦苦思索了好几天的名字浮出来了。于是，唐太宗亲自提名李道裕出任刑部侍郎，推荐的理由是什么呢？唐太宗说："张亮的案子，现在想起来判罪确实过分了，证据不足。当时只有李道裕一个人敢于坚持法律和我抗争，所以这样的人就应该用。"

唐太宗提拔李道裕，是因为他敢于坚持原则，忠于职守，这才是真正的忠诚。

贞观期间，唐太宗提拔了一大批文臣武将，他们确实忠于职守，在各自的岗位上勤奋工作，表现杰出。他们中间不少人是从隋朝官吏队伍中吸收过来的，唐朝这样做是为了让新政权从一开始就有较高的社会管理水平，不至于因为政权交替而造成社会混乱和管理水平下降。唐朝采用的做法是让隋朝地方官自己向唐朝申报原来的职务，重新录用，使得唐朝各级政权快速获得一大批经验丰富的官吏。这个政策推行以后，产生了新问题。隋末动乱，档案散落遗失，难于审查申报内容的真实性。有人钻空子，造假高报，原来是当科长的伪冒处长，处长报厅长。造假的事情有一个人成功，便产生示范效应，不少人觉得这是一条升官捷径，纷纷仿效。这种事情多了，政府就有所察觉。唐太宗采取比较和缓的手段来纠正，颁发政令，让伪冒者限期自纠，据实录用；过期不改者，属于故意欺骗政府行为，一律处斩。

俗话说杀头的生意有人做。有些官员心存侥幸，没有出来自纠，企图蒙混过关。期限过后，有关部门开始审查，查出一批伪造资历者，按照政令规定处以死刑。判刑要通过司法部门，所以，这批人的案子移交大理寺，相当于法院。戴胄是这个部门的主要负责人，他拒绝签署，死刑无法执行。而且，他还同唐太宗反复争辩，说这些人犯的是欺诈罪，按照唐律够不上死刑，因此不能处斩。唐太宗不高兴，对戴胄说死刑是当初在政令上申明过的，不落实岂不是朝廷没面子吗？戴胄坚持说审判机构只能根据法律判案。双方都不肯让步，反复争辩，最后戴胄对唐太宗说："法乃国之大信，我们不能在法律上失信于民。"唐太宗想通了，戴胄是对的。这个案子最后以唐太宗的让步结束，伪造资历者按照唐律审判，而戴胄从此被唐太宗牢牢记住，被提拔起来，一直当到宰相，成为贞观时期杰出官员的一位代表。

在看人和用人方面，唐太宗始终注重忠于职守，坚持原则，有公心，有情怀，从而出现了人才大量涌现的情景，留下许多感人至深的人物。马周就是其中之一。

马周出身于底层贫寒子弟，深知民间疾苦，上书直言，因而被唐太宗发现，逐级提拔上来，当上监察官员。改进政风首先要从上面做起，领导率先严格遵守法律、法规和道德，下面就不敢肆意妄为。所以，马周走马上任，上表直接批评唐太宗存在不孝等几大问题。在古代，说人不孝是非常严厉的。那唐太宗哪里不孝呢？因为唐太宗的父亲做太上皇，住在郊外，房子不大；唐太宗的儿子是太子，住在城中央，房子宽阔，在老百姓眼里，孙子的待遇远远超过爷爷，规矩坏了，朝廷将如何向老百姓劝孝呢？

唐太宗被批评以后，没有生气，反而感到欣慰：马周说的是对的，自己平时注意不够，立即改正。最重要的是马周连皇帝都敢批评，那么他作为监察官员，有哪个官不敢弹劾？马周用对了，有这样的人把关，唐太宗可以放心。

可惜的是马周操劳过度，四十多岁就去世了。临终前，他让家人把自己生前写过的所有的文字、奏折全部找出来，家人以为他要出文集了。其实不是，他拼着最后一口气，下床把所写的东西全部烧掉，跟家人交代："我出自贫寒子弟，一辈子只有一个爱好：读书。因为读书，我懂得怎么治国。但是，我对写书的人有疑问，比如管子、晏子，他们把批评国王的奏折都收进文集里，后人读了会觉得国王不行，是因为他们在，国家才治理好。"马周接着说道："我们能够达到天下大治，是因为唐太宗的伟大，我不希望后人把这些功劳记在我身上，所以，我写的东西一个字都不能传出去。"

马周烧完自己的文稿之后，总算放下心里这块石头，轻松地走了。见到他临终这一幕，人们会明白他为什么严格批评唐太宗的原因，他把唐太宗的提拔信任化成对国家纲纪的维护，展现出对国家最大的忠诚，体现了古人说的士为知己者死。

上面这几位人物，能够得到上上下下的信任，做出一番事业，千古传颂，与他们受到的教育密切相关。古代家教非常重视培养人守本分，懂得职责所在，恪守不移。不守本分，投机取巧，可以一时邀宠，暂时成功，但肯定走不远，世人常说"出来混迟早要还的"。行得正，才能走得远，唐太宗推荐戴胄的一段评语，值得好好品味："戴胄于我无骨肉之亲，但以忠直励行，情深体国，事有机要，无不以闻。所进官爵，以酬厥诚耳。"（《旧唐书·戴胄传》）

◎马周烧稿

谦受益、满招损

德行广大而守以恭者荣，土地博裕而守以俭者安，禄位尊盛而守以卑者贵，人众兵强而守以畏者胜，聪明睿智而守以愚者益，博闻多记而守以浅者广。此六守者，皆谦德也。

——［汉］刘向《说苑·敬慎》

德行广大而能保持恭敬者昌盛，地大物博而能保持节俭者平安，位高权重而能保持谦卑者尊贵，兵强马壮而能保持慎畏者得胜，聪明睿智而能保持沉潜者受益，见多识广而能坚持求知者渊博。坚守的这六条，都是谦虚美德。

人在贫穷的时候，往往不容易犯大错。因为艰难困苦能够激发人内在奋发向上的精神，努力拼搏。在这个时候，人也没有什么资本可以挥霍，便会处事小心谨慎。倒是不少获得成功的人，拥有名望、财产、官爵、人马、聪明、知识，似乎可以呼风唤雨的时候，却迅速败了下来。《朱子治家格言》说：“德不配位，必有灾殃。”也就是说，人的内在修养必须与外部的成功同步增长，拥有的物质财富才能镇得住。能挣钱不足为傲，守得住才是本事。挣起一份家业却眼睁睁地看着它破败，比未曾拥有还要痛苦。为什么守不住呢？就因为随着财富和知识的增多，内心的骄气也大了起来，奢侈腐败，横行霸道，怎能不败？权力、财富和知识增多了，自己的德行却没有提高，两者失衡是非常危险的，必须对此有充分认识，下大力气纠正。

基于这个道理，古人从许多经验教训中做了深刻的总结，教导我们一定要慎重做好六个方面："德行广大而守以恭者荣，土地博裕而守以俭者安，禄位尊盛而守以卑者贵，人众兵强而守以畏者胜，聪明睿智而守以愚者益，博闻多记而守以浅者广。此六守者，皆谦德也。"这六个方面，一言以蔽之，就是做人要懂得谦和。

第一条，大凡品行高尚者待人和蔼，平等相处，与之交往如同冬日烤火，暖洋洋的。比如在大学里，越是博学而有名望的学者，待人越谦和，讲话越幽默，特别善于团结人；在和他相处的过程中，你会越发感受到他的人格力量，可亲可敬，学问博大精深，从温和相处到肃然起敬，不知不觉受到感染而获得提升。相反，读书一知半解、有一孔之见的人，特别喜欢贬损他人，炫耀自己，难于和人处好关系。在日常生活中，一个人的高度常常流露为让人舒坦的程度，自然而亲切。谦和是自信和修养的自然流露。

中国长期的儒家文化熏陶，养成一种大众心理，那就是道德人格化，对位高名重者的道德要求更高，希望他们成为表率。所以，一个人没出名时可以做的事情，出名后就得慎重，必须处处用更高的道德标准要求自己，一举一动都不能随便，因为处在聚光灯下，你的成就被放大，你的错误也同样被放大了，切不可把名位当作享受，而应视为更大的义务。也许你会说当名人不是太累了吗？事实就是如此，既然你要当名人，就必须承担更重的社会责任。

第二条，拥有财富要保持勤俭节约。创业不容易，守业更难。有了钱以后，怎么花钱，无意间暴露出你的底蕴。有些人什么都要买名牌，追求高大上，开豪车，住豪宅，一饭千金，这么做也许是面子问题，怕被人看轻；也许是骄躁浮华，都是不自信的表现。大手大脚挥霍，失去了以前勤俭的精神，奋发向上的拼劲在放逸中懈怠，贪图享受，气势一旦转颓，各种不安随之不断出现。“成由节俭败由奢”，守成就是要守住一路走来的优秀传统。

节俭并不是说什么东西都要将就，生活停留于贫困年代，这种理解过于狭隘。节俭是指花钱要理性，消费要合理，让财富造福于人，成为我们实现理想的工具。财富不是用来炫耀，更不能被其主宰。能够克制内心涌起的奢侈冲动，才能对于各种物欲诱惑淡然面对，自己把持得住，财富和事业不去扰乱它，它自然安稳。

第三条讲的是同一个道理，告诫当官的人，权力和财富都只是工具，用来实现我们的理想，做出一番事业。但是，权力和财富的特点本身，使得不少人把它作为目的，垄断霸占用以享受，结果身败名裂。因此，面对将权力和财富作为目的的诱惑，必须坚持不可逾越的红线，懂得知止。佛教讲究持戒。什么是戒呢？违背原则和正义的事情坚决不做。没有戒，人就定不来，这是印度的智慧。中国古人也有相同告诫，《大学》说：“知止而后有定，定而后能静，静而后能安，安而后能虑，虑而后能德。”一个人能不能有大智慧，品德高洁而受人敬仰，要从哪里做起呢？知止，当止则止。所以家训中就讲到人富贵了，有权有势，要懂得知止。知止而后才能定。当官的人，权力越大，地位越高，要越懂得谦卑对待下属，以德服众，而不能以权力去压人，压是永远不会服的。谦和有能的上级才能得到部下真心的爱戴。

魏徵与唐太宗探讨过，在权力面前滥用权力的官员，得到的是表面上看服服帖帖的部下，实际情况怎么样呢？“貌顺而心不恭”，表面对你越是服帖，内心越是鄙视你，因为你没有能让他信服的德行与才能。倨傲的官员，其家教往往也不好，纨绔子弟和败家子居多。因为家庭条件好，有保姆、部下、警卫员等，孩子从小颐指气使，看不起人，长大以后把所有人都看成部下，横行霸道。

唐朝的大官李勣，前面曾经提到过他，其一生的变化给我们很多启示。他晚年总结自己的一生，说年轻的时候是一个坏脾气的人，起兵反隋，遇到坏人统统杀掉，非常暴躁。可是，随着军功地位升高，他变了。到三十岁以后，他已经是一代名将，位高权重，越来越喜欢动脑子，从以前的斗勇变成喜爱读书，人变得谦和，善于观察一个人的长处。每个人都有优点和特长，看人是看他的不足之处，还是看他的优点特长，反映的其实是观察者的胸怀。学会多看人优点，那么你就善于与人平等相处而发现人才。

第四条，当你手中握有大量资源，特别是握有强力的资源，比如军事力量，这个时候更要慎重使用。这比较难，美国谚语说，手中拎着一把大锤，看什么都是铁钉。这就是说拥有强力的人喜欢用简单粗暴的手段直接解决问题，把钉子钉进去不就看不见了吗？这会产生滥用暴力的倾向。追求立竿见影，马上见效，处理事情往往不多考虑后果，只想用最快的效率马上解决。什么手段最快呢？行政高压。所以到处都施行政高压，好发命令，动不动处罚，很少正面引导，缺乏鼓励表扬。这种相当负面的领导，强力行使过多，渐渐地反弹也日渐增强。而且，每一次行使行政强力，伤害了一大片，很多怨气就这么积累起来。所以，古人告诫当官的人，拥有的实力越强，越要学会平等待人，善于和人讲道理。简单粗暴是德才不佳的表现。

成都武侯祠有一副很好的对联，不少领导人将它抄录下来，铭记心间，勉励自己，也抄送朋友，一起分享，体会其中深意。这副对联写道："能攻心则反侧自消，从古知兵非好战。不审势即宽严皆误，后来治蜀要深思。"对很多社会问题要懂得讲道理，这就是攻心。人家心服了，不稳定因素自然消除；要慎用暴力，自古以来真正懂军事的人从不好战，因其深知暴力是把双刃剑。

第五条，聪明的人要大智若愚，不要处处显露。卖弄聪明者只是小聪明，你处处显得高人一等，看不起人，人家就不跟你讲真话，明明看出你一知半解，却不肯把真正精髓之处告诉你。相反，你放下身段，虚心求教，多听少说，别人就乐意告诉你事物的道理。你博闻强识，多做调查研究，弄明前因后果，来龙去脉，智慧便能够得到提升。

第六条，博学多识的人要保持谦虚，不要到处去炫耀。自己有知识，到处吹嘘，还喜欢挑别人的不足，冷嘲热讽，这也不对，那也不行，处处显摆，招人嫌恶，落落寡合。自吹自擂的人其实内心是封闭的，而真正聪明的人则谦虚好学，不耻下问，学识越来越渊博。

这六条归根结底就是中国传统美德常称道的，“满招损，谦受益”，做人一定要保持谦和的态度，以敬畏之心对待各种事物，不管是富还是穷，也不管得意还是失意，在任何时候都怀有一颗平常心，敞开心扉，热心学习。在和人相处的时候，只要不是原则性问题，能让人的地方多让人，温良恭俭让，做谦谦君子。

退一步海阔天高

宠利毋居人前，德业毋落人后，受享毋逾分外，修为毋减分中。

——［明］洪应明《菜根谭》

遇到恩宠利禄之事，不要抢在别人前头，但在养德立业方面，不要落在别人后面；生活享受不要超过本分，修身养性不要低于应有的标准。

古代家训经常告诫子弟："处事让一步为高，退步即进步的纲本。"（《菜根谭》）做人做事，只要不伤大原则，就多让人一点。一件事情能不能成功，甚至能不能做起来，常常不是因为大原则或者大方向正确与否，而是因为人事关系处理是否得当而至关紧要，这样的经验教训在历史上屡屡可见。

春秋时代，赵国有一位新崛起的大臣叫蔺相如，因为"完璧归赵"而声名远扬，立下大功，突然间跻身高位。这是怎么回事呢？原来，赵国有一块稀世珍宝和氏璧，秦王听到后，非常想要，派人同赵王说，愿意拿大片土地和赵国交换。赵王心里清楚秦王是想巧取豪夺，骗取和氏璧。但是，赵王没办法既让秦王露出真相，又能够保全和氏璧，如果不同秦王交换，秦国就有了攻打赵国的借口，同意交换则明显是肉包子打狗有去无回，赵王踌躇万分，想不出两全其美的办法。这时候蔺相如自告奋勇，愿意充当赵国使者，完成交换使命。赵王万般无奈，也只能赌一把，死马当活马医，让蔺相如试试。

蔺相如怀揣和氏璧来到秦国，献给秦王。秦王仔细端详，果然是一块好玉，便让身边宠妃相传观赏，大家啧啧赞叹，七嘴八舌，根本就没提到要割地交换这件事。蔺相如在一旁冷静观察，看清秦王的真实态度之后，缓缓说道："你们只看到这块玉的绝美，没注意到它有一点瑕疵吧。"大家一听，赶忙问在哪里？蔺相如让秦王把和氏璧交给他，马上起身走到殿堂柱子前边，跟秦王说道："我看您是不想履行约定，所以只字不提交换的城池，因此，这块玉不能给您。如果您要抢夺，我现在就抱着这块玉撞死在柱子前边，人和玉一起粉碎，您休想得到。"秦王傻眼了，假装同意割地换玉。蔺相如拿着玉回到客店等候秦王履行承诺，暗中派人悄悄带着玉返回赵国。过几天，秦王召见蔺相如，索要和氏璧，蔺相如告诉他："我看您根本没有真心要用城池交换和氏璧，所以我已派人将玉送回赵国了，您要杀要剐，悉听尊便。"秦王无可奈何，只得放蔺相如回去。这就是历史上著名的"完璧归赵"的故事。蔺相如在秦王面前视死如归，名声大振，回国后受到赵王重用。

然而，强大的秦国经常欺负赵国，所以，纷争不断，赵王十分头疼。有一次，秦王要和赵王约个地方会盟，也就是今天的国家元首会谈。赵王到了会见场地，入座不久，秦王身边的人站出来，对赵王说道："听说您善于弹琴，现在请您弹一首曲子给秦王听。"来人眼露凶光，哪里是邀请，分明是在胁迫赵王。赵王不得已起身拨了一下琴弦，秦国官员马上叫来史官，要他记录下来：某年某月某日，秦王和赵王相会，赵王为秦王弹奏乐曲。这是公然羞辱赵王，将他贬为属下乐师之流。外交重视对等，体现的是国家的尊严，所以，元首是不能被人凌辱的。蔺相如抱出一只瓦罐，走到秦王面前说："听说秦王善于敲磬，现在请您敲一曲。"秦王怎么肯敲呢。于是，蔺相如再进到秦王跟前，说道："我请您无论如何都得敲一曲，不然的话，我就死在您五步之内。"蔺相如直瞪着秦王，一副拼命的样子，秦国卫士要救秦王已经做不到了，因为蔺相如就站在秦王跟前。秦王见势不妙，硬着头皮敲了一声。才敲一声，蔺相如马上叫赵国史官出来，提笔记下：某年某月某日，赵王和秦王相会，秦王为赵王敲磬奏乐。秦国一点便宜也没有沾到，还落下笑话。

蔺相如大智大勇，临危不惧，在如此重大的场合挽回了赵王的面子，也给赵国争了一口气，立下大功，所以回国后被提拔上来，成为国家重臣，深受赵王信任。

可是，有人并不满意。赵国有一位老将军，曾经立下赫赫战功，受国人敬重，名叫廉颇。廉颇见身份低下的蔺相如转眼同自己平起平坐，甚至更受重用，很不高兴。他对手下人说："蔺相如算什么？下次咱们在路上见到他时，我一定要当众羞辱他，看他敢对我怎么样？"

这话传了出去，蔺相如听到后，每次上朝总是吩咐手下躲避廉颇。部下深感委屈，摩拳擦掌，要同廉颇见个高低。他们来到蔺相如面前，批评他胆小，害怕廉颇，就像老鼠躲猫一样，他们咽不下这口气。蔺相如对他们说道："是廉颇还是秦王的权力大？是廉颇还是秦王凶？我在秦王面前都不曾畏惧过，难道会怕廉颇吗？问题是现在秦国为什么不敢来欺负我们赵国呢？就因为有我和廉颇在。如果我们两雄相争，那么国家马上就会陷入危机，内讧招致外患，因此我应该忍让。我忍让换来了赵国的团结，敌人便无隙可乘。"

蔺相如在风光得意的时候，深明事理，委曲求全，用自己的退让争取赵国的团结，可谓有眼光，有胸怀，品格高尚。蔺相如的话传入廉颇的耳朵里，廉颇觉得自己人品低了，惭愧不已。廉颇是个痛快人，知道自己不是，就借一次人多的场合亲自负荆向蔺相如请罪，希望蔺相如宽恕他。廉颇这一举动让许多人意想不到，传为美谈，也成为后人传颂的故事。人家对你谦让，你要懂得回报，这是君子所为。如果是小人的话，人家让他，他更加得意，不但不懂得回报，还要追上去再踩你一脚，这就没有品格可言，关系也会变得越来越紧张。廉颇能够降低身段，向自己原来看不起的人请罪，除了深明大义之外，还具有见贤思齐的优秀品格。当别人的高风亮节在自己面前表现出来，马上向别人学习看齐，自己也会获得提升。蔺相如和廉颇各让一步，赵国不但没有内部斗争，反而更加团结，两人共同主持国政，赵国获得了稳定，真可谓退一步海阔天高。

谦虚礼让是古代家教的重要内容，这种美德要从小培养，形成习惯，长大以后如影随形，形成高贵的气质。所以，要在孩子很小的时候就开始教会他与人为善，懂礼貌，守秩序。《朱子家训》对此做了比较详细的规定：

见老者，敬之。见幼者，爱之。

有德者，年虽下于我，我必尊之。不肖者，年虽高于我，我必远之。

慎勿谈人之短，切莫矜己之长。仇者以义解之，怨者以直报之，随所遇而安之。

人有小过，含容而忍之。人有大过，以理而谕之。

勿以善小而不为，勿以恶小而为之。人有恶则掩之，人有善则扬之。

这段家训告诉人们，要尊老爱幼，多看别人的优点，宣扬别人的善良，不要在别人背后窃窃私语，蜚短流长，讲人家的坏话，甚至传播谣言。懂得尊老爱幼，少年时的急躁和傲慢之心会被自然磨平，人变得和气而安详，人缘好，机会自然来到。汉朝有一位大智慧的人，辅佐刘邦得天下，此人就是刘邦在总结获胜原因时提到的三杰之一的张良。

张良是韩国的贵公子，身上难免有公子气，年轻时自视甚高，脾气不好。有一次，他走在路上，迎面过来一位老人，到张良跟前的桥上坐了下来，故意把鞋子落在地上，喝住张良："年轻人，过来，给我捡鞋子。"张良见老人如此无礼，一股怒气涌上来，想痛殴他一顿。

张良可是会杀人的。韩国被秦国灭亡之后，他为了报此国仇，雇了刺客，埋伏在一个叫作博浪沙的地方暗杀秦始皇，可惜流星锤击中了副车，没有成功。连秦始皇都敢刺杀，可知他的勇气有多大。所以，当时他的第一个念头就是拔剑斩杀这老头。就在这一念之间，幼年受到的敬老教育在心头闪现，眼前是位老者，年龄比自己大那么多，给他捡双鞋子有何不可？张良气消了，帮老人捡起鞋子。这时候，老人却把脚一伸，要张良给他穿鞋。张良跪坐下来，帮老人把鞋穿好。这时候，老人才对他说道："你这小子可以调教。这样吧，三天以后，凌晨时分再到这个地方见我，我教你。"

三天以后，天蒙蒙亮，张良来到桥边，老人已经坐在那里。中国传统文化非常讲究秩序，与人约会，必须年少者先到，学生先到，这是规矩。例如学校上课，学生应该先到，坐整齐等候，造成一种崇敬的学习气氛，这堂课的效果才好。如果学生任意迟到，听课如同听相声，怎么会学到心里去呢？学校不懂得维持学习秩序，是严重失职和误人子弟。所以，老人训斥张良："与老人相约怎可迟到！过三天以后，还是这个时间，你来这里见我。"

这一回张良学乖了，天还没亮就去了。可是，老人已经到了，张良又被训斥一回，约好三天以后相同时间再见。被骂了两次，张良内心变得十分恭谨，觉得自己真的太不知礼，待人不够谦恭。于是，他晚上不敢睡觉，才过半夜就去桥边守候，再不能迟到了。他到桥上刚坐好，就看见老人远远地走来。这回老人表扬他："年轻人知过能改，竖子可教。"说完，老人传授他一部书《黄石公兵法》，告诉他学透这本书，可以辅佐明君得天下。据说这位老人是黄石公，张良得他真传，帮助刘邦建立汉朝，创下不世之功。

◎黄石公

张良的本事是不是黄石公教的，以及黄石公究竟是怎样的人，让历史学家去研究。张良拜师的经过却给人许多启发。首先，做人要谦和低调，不要斤斤计较。如果张良一开始不肯让老人，就通不过老人对他的考验，也就不可能拜高人为师。多让人点，人缘便好，大家愿意同你交朋友，也愿意帮你一把。所以我们常常看到在社会上人缘好的人，做事风生水起，顺顺当当。其次，谦让也反映在做事情的规矩上，例如约会的守则，等等。中国古代做人做事的规矩，基本精神是多让人一点，也就是人们常说的厚道，哪怕你是对的，古语也说“得饶人处且饶人”。什么道理呢？“与人方便，自己方便。”每个人都不肯让人，不肯妥协，更加恶劣的是见不得别人好，没事也要给别人添堵，大家都这么想，在这样的社会里人人都寸步难行，结果是给自己添堵。一个好的社会是让大家生活其中，心情舒畅，做事顺利。我曾经在国外开车，好多路口没有红绿灯，也没有警察维持秩序，大家都非常礼让，一边通过三辆车子，第四辆主动停下来，招呼另一方通过，井然有序，不急不躁，十分畅通。现在中国许多大城市的道路比国外宽阔，但是车辆通过的量却远远比人家低很多，主要是大家不顾别人地抢路，一旦有一方通过，后面跟着一大串，谁也不让谁，结果谁都走不了。不肯给人方便的人，一生必定坎坷。谦恭礼让于人是君子风度，于社会是高效与和谐。

中国古语还开导人们“吃亏是福”。有人不理解，吃亏怎么会是福呢？什么是吃亏呢？这个问题并不容易讲清楚。许多事情，如果你不认为被占了便宜，你就不曾吃亏。所以，吃亏与否不是简单到算账便能判明的，它反映出来的还是人的心理感觉，更是胸怀心量。

春秋时代，秦国的崛起经历了好几代国王的努力，靠的不是盘剥百姓。在这过程中，秦穆公是一位重要的奠基人物。秦穆公在位的时候，秦国还比较落后，而东邻的晋国则是大国，两国交往中秦国吃亏好几次，秦穆公多有忍让。晋献公去世，晋国围绕王位继承发生动乱，晋献公的儿子夷吾流亡在秦国，秦穆公派兵护送他回国登基，夷吾很感激，答应将晋国河西八城割让给秦国。夺位成功后，夷吾成为晋惠公，他反悔不肯割地给秦国，秦穆公只好认了。不久以后，晋国发生灾荒，秦穆公不计前嫌，发送粮食救济晋国。可是，几年后秦国发生饥荒，向晋国求援，晋惠公不但不接济粮食，还乘人之危起兵攻打秦国，恩将仇报。这一切秦穆公都忍了，虽然吃了一些哑巴亏，但是，他高明的地方在于始终站在有理的一方，是非曲直自有公论。

晋惠公进攻秦国，以为秦军饥饿好欺负，轻敌冒进，被秦军反击，大败。古代打仗，王公贵族和军队将领冲锋在前，秦穆公当然身先士卒，奋勇追击晋惠公，不料追得太快，一马当先，和自己的部队脱节了，反而陷入晋军的重重包围之中。战场的形势就这样转来转去，变幻莫测。眼看着秦军的大好形势马上要逆转，变成一次惨败，秦军再拼命冲杀也救不出秦穆公了。就在最危险的时候，突然出现了一支奇兵，无比英勇，不顾生死，拼死杀过来，救出秦穆公，还把晋军阵势给冲乱了。战场形势再一次逆转，晋军回天乏术，彻底战败，晋惠公成了俘虏。

秦穆公死里逃生，简直是得天相助。这到底是从哪里冒出来的军队，为什么要拼死相救呢？秦穆公也想不明白，胜利之后，他亲自犒赏这支三百多人的队伍，打听缘由，这些人告诉他："我们是秦国周边的乡村野人，既不懂礼，又不懂法，也没有文化。有一次，我们看到一群好马，就把它们偷来吃了。没想到那些是您心爱的马，我们犯了盗窃重罪，还得罪了国王，被秦国官府捕获，非死不可了。让我们没有想到的是您知道这件事情以后，同情我们，说我们一来没文化，不懂礼法，二来饥饿，生活贫苦。被偷吃掉的马反正活不过来了，杀这些人也于事无补。于是将我们给放了。”秦穆公饶恕了这些人，他们回去以后，深受感动，认定秦穆公是好人，立誓要报恩。秦晋大战给了他们报答的机会，在秦穆公最危险的时刻，他们及时赶到，改写了历史。

秦穆公听了这些人的叙述，一定深有感触。多做善事，助人为乐，不求回报，便是积德。注重现实的人会问，我做了善事，怎么没见到回报啊。其实，人做了善事，哪怕福报未至，但祸已远离。就日常生活而言，为人谦和，容忍别人的过错，才能团结更多的人。在大生产的现代社会，亲和力和组织能力至关重要，胸怀的宽度决定着事业的高度。

内外兼修：读书与交友

如果家教是人生的初阶，教会我们良好的生活习惯，言行举止的礼仪规矩，奋发向上的乐观精神，以及克服困难的体魄和毅力。那么，走出家门就开始了人生充实内涵，提升境界，拓展胸怀，领悟世界的终生学习过程。在这一生中需要有两位至关重要的伴侣，那就是书籍和朋友，它们从内外两个方面极大地影响和改变着我们，读什么书，交什么朋友，在很大程度上左右着我们生命的质量。

人类领袖世界并不是靠体力强健，而是因为善于思维，并且将经验教训代代相传，使得后人可以站在前人的肩膀上瞭望远方。这些经验教训的宝典就是书籍，像一座巨大的宝库，应有尽有，还在不断地增长。书籍传给我们的不仅是知识，最重要的是教会我们思考，磨砺智慧，增加我们的内在厚度而深沉淡定，提升观察的高度而宽阔长远。一个没有文化的民族是愚昧的，一个不读书的人内心干涸孤苦，而改变命运依靠的是智慧。

中国历史上最伟大的皇帝李世民用三面镜子来提升自我，留下千年传诵的名言："以铜为镜，可以正衣冠；以古为镜，可以知兴替；以人为镜，可以明得失。"(《贞观政要》)铜镜毋庸赘言，古镜即为史镜，需要读书，人镜便是朋友，交什么样的朋友就有什么样的人生。物以类聚，人以群分。反过来说，你是什么样的人，便会有什么样的朋友。提升自我，交高于自己的朋友，人生将越来越丰富而精彩。所以，读书与交友是人生大事，家训苦口婆心，先哲语重心长，都在提醒人们赶快点亮自己生命的航灯。

读书改变气质

人之气质，由于天生，本难改变，唯读书则可变化气质。古之精相法者并言读书可以变换骨相，欲求变之之法，总须先立坚卓之志。

——［清］曾国藩《曾文正公家训》

人的气质是天生的，本来难以改变，只有读书才能让它发生变化。古代擅长看相的人说，读书可以变换骨相，希望获得变换的方法，无不是先立下坚定的志向。

人生就是不断追求幸福的旅程。什么是幸福呢？幸福不是用权或者钱能够衡量和决定的，真正的幸福是洗脱身上种种低俗卑见的束缚，升华洗练，获得心灵的解放，自在自由。身体健康，体魄健壮，我们的心能够自由地畅想，可以在自由王国里放飞自我，无拘无束。那么，我们怎么才能冲破自然条件和社会偏见的束缚奔向自由自在的王国呢？什么途径可以改变一个人呢？

曾国藩曾经说过，人的内在气质是难以改变的，除非读书一条路。这是什么道理呢？因为人的气质、风度等，是由内及表自然流露出来，这是外在的礼仪培训所无法达到的，模仿和冒充总会在一些地方暴露真相，所以，只有老老实实读书学习才是一条自我提升的途径。

曾国藩 1811 年出生于湖南省双峰县荷叶镇大坪村的一个地主家庭，祖辈务农。他作为家里的长子，自幼好学，二十八岁考中进士，因为成绩优异而得以留在京城，历任翰林院庶吉士，侍讲学士，文渊阁直阁事，内阁学士，礼部侍郎及署兵部、工部、刑部、吏部侍郎等职，官至二品。在京城，他“日以读书为业”，推崇程朱理学，立志澄清天下。1852 年，他因为母亲去世而回乡，正好遇上太平天国的大规模反清运动，他在家乡组织地方团练，开始了长达十年的镇压太平天国的军事生涯，挽救了摇摇欲坠的清王朝。曾国藩的功过是非，这里不去讨论。他组织的湘军，带出了一大批近代军事人才。在使用洋枪洋炮作战的过程中，他亲身体会到西方工业技术的先进，主张积极向西方学习技术。曾国藩是对中国近代转型有着深远影响的人物，既是进士出身，又长年统兵打仗，阅人无数，熟悉历史掌故，他说的无疑是经验之谈。

当然，从古到今都有人不相信唯有读书学习才能改变气质。他们以为只要有钱就可以买到一切，有权更不得了，买都不用买，掌控一切，要什么有什么，区区文化有什么了不起，让它成为权力的奴仆，粉饰太平，也装扮自己，衣裳鲜丽，哼几句古诗，不就成了有文化的统治者了吗？他们这么想，也这么做，这类人物在历史上多得像秋天的落叶一般，扫都扫不完。中国古代有一个暴力肆虐的时代，称作“五胡十六国时代”，其中后赵政权两代皇帝的经历，让人们看到读书学习对于一个人乃至一个家族的影响。

后赵的第三代皇帝石虎，能征善战，以享受权力作为人生最大的乐趣。他掌权之后，在襄国建太武殿，在邺城建东宫和西宫，又在显阳殿后建造九座宫殿，这些建筑都极尽奢华。他挑选“士民之女”一万多人，身穿绫罗绸缎，佩戴珠玉，充实后宫，供自己淫乐。他不仅大建宫殿楼阁，而且用兵不息，百役并兴，天灾人祸，哀鸿遍野，市面上一斤黄金只能买到两斗粮食，石虎对此其实是十分满意的。什么道理呢？因为他想有文化，请来风水先生给自己出谋划策。风水先生告诉他要多杀汉人镇王气，他对此深信不疑。这就是悲哀，流氓学文化大多沉迷于术，风水、仙丹、占卜、阴谋之类是他们所爱，学到一身邪术，还以为有文化了，流氓加文痞比单纯的流氓要坏得多。石虎学了不少所谓的“文化”，身上斯文的气息没增多，凶残程度倒是提升不少。

石虎深信有权就拥有一切，家庭生活极度奢侈，孩子一定很有文化，所以，他对子女一味娇宠，听任他们肆意妄为。他的文化观对家庭造成的影响非常深刻。

石虎当皇帝之后，立十岁的儿子石邃为太子。石邃从小在马背上长大，非常彪悍，骁勇善战，石虎为他感到自豪，对人炫耀道：“西晋皇族司马家的子女自相残杀，哪像我家孩子英雄了得。”受父皇的影响，石邃也非常骄淫残忍，他最喜欢做的一件事，是将美丽的姬妾盛装打扮，然后割下她们的首级，小心地洗去首级上的血渍，盛在精美的盘中，端上来与各位宾客观赏，最后把她们的肉剐了，和牛羊肉一起煮，与大家一起品尝。如此残忍的行为，石虎就当没看见。当然，石虎自己也是荒耽酒色，喜怒无常。

石邃身为太子，把政务向石虎禀报，石虎训斥道："这种小事，有什么好汇报的！"石邃要是不来汇报，他又要呵斥："为什么不汇报，到底安的什么心！"把石邃暴打一顿。石邃不是什么善类，狠狠地对手下人说自己要做匈奴冒顿单于那样的人。什么意思呢？冒顿单于是杀掉父亲抢到单于宝座的，石邃已有杀父之心。

石虎溺爱子女是出了格的，他还宠爱其他几个儿子，对石宣尤其好，生活待遇跟太子差不多，石邃感到威胁。有一天，石邃喝醉了，率领部下前去杀弟弟石宣，免得将来被他夺位。部下不敢，沿途跑散了。弟弟没杀成，可是消息走漏出去，让石虎听到了，石邃的母后也听到了。母后赶忙派人来责问太子，有没有这回事。石邃理都不理，借着酒劲直接把来人给劈了。石虎派女尚书来训斥他，他照杀不误。闹得太过分了，石虎把石邃太子位废掉，关押起来。石邃一点都不后悔。毕竟是亲生儿子，石虎不忍心，关押一些日子后，把石邃放了出来。石邃一句好话都不说，从石虎面前昂然而去。石虎看出石邃怀恨谋叛的心思，晚上派人把石邃全家抓起来，统统杀掉，改立石宣为太子。

石宣和石邃在相同的家教环境中长大，其实都差不多。石虎曾经让太子石宣向山川祈福，石宣乘坐大车，获准打起天子旌旗，率领十八万全副武装的士兵，浩浩荡荡开出金明门。石虎登上凌霄观阅师，大喜道："我家父子如此，除非天崩地裂，还有什么好忧愁的！以后只要抱子弄孙，天天享乐便是了。"石宣每到一处停留，都设四面各百里的长围，让士兵们在傍晚将野兽驱赶到自己的住所附近，令骑兵追逐射杀，自己同姬妾们一道观赏，饮酒助兴，激动得手舞足蹈。他不知道这一路下来，士卒饥饿冻死者一万多人，所过三州十五郡，仓储皆空。

有一个儿子折腾已经让全国民不聊生了，问题是石虎的儿子个个如此，石虎让另一个儿子石韬也享受了高规格巡游的待遇。这回石宣生气了，竟然规格与我一般，没个上下之别，岂有此理？这时候石虎做了一件火上浇油的事情，他觉得石韬强过石宣，竟说出后悔没立石韬做太子的话。这可了不得了，石宣感到太子地位受到威胁，派人夜里潜入石韬留宿的东明观，将他暗杀了。第二天，石宣启奏此事，石虎极度震惊和悲痛，昏厥过去，久久才苏醒。石韬的尸体停放在灵堂，石宣前来吊唁，掀开盖尸布，看清楚石韬被残害的模样，非但不哭，还大笑而去。石虎是个很警觉的人，心里已经怀疑是石宣犯下的案，见此情景越发怀疑，就假借石宣母后病危的消息，传唤石宣入宫，随即扣押在宫内，派人调查，果然是石宣做的事。

石虎狂怒，命人用铁环穿透石宣的下颌骨，紧紧铐上，关进牛栏，用木头挖成槽，像猪狗一般喂他，还拿来刺杀石韬的刀剑让他舔舐上面的血迹，石宣凄厉的哀号声震动了整个宫殿。石虎命令在邺城北面堆上柴草，上面加上横杆，在横杆的末端安上辘轳，绕上绳子，把梯子靠在柴堆上，将石宣押送到下面，并让石韬所宠幸的宦官郝稚、刘霸揪着石宣的头发，拽出舌头，拉上梯子。郝稚把绳子套在石宣的脖子上，用辘轳绞上去。刘霸砍断石宣的手脚，挖出眼睛，刺穿肠子，让他受到与石韬一样的伤害，然后在柴堆四周点上火，浓烟烈焰冲天而起，将石宣活活烧死。石虎带着妻妾、将士和百官数千人，登上中台观看。大火灭后，取出灰烬，分别放置在通向各个城门的十字路口。之后，石虎又杀掉石宣的妻子和儿女九人。石宣的小儿子才几岁，一向很得石虎疼爱，临刑前石虎抱着小孙子痛哭，想赦免他。但是大臣说不能留下孽种，硬是把孩子从石虎怀中拉了出来，小孙子死命扯住石虎的衣服哀号，把腰间的皮带都拉断了。然后，石虎又诛杀太子的部属三百多人，其中跟随石宣的五十名宦官被车裂肢解，尸体抛入漳河之中。石虎命人将东宫改成猪圈牛栏，戍守东宫的十几万卫士被贬谪到凉州。

经过这场惨不忍睹的变故，石虎也受不了了。他的儿子们相继犯上作乱，残害兄弟，而且死得都很惨。这到底怎么回事呢？石虎认为是孽种投胎，所以，他说恨不得喝三斗石灰水洗净肚肠，怎么净生孽种？受到的刺激实在太深了，石虎大病一场，次年四月便一命呜呼了。一个眼中只有权力和金钱、贱视文化的人，其结局也就是如此了。

石虎的儿子都是孽种吗？恐怕不能这么说。他的三个儿子都如狼似虎，显然是家教出了大问题。孩子是父母的影子，父母在家里的言行举止，孩子会模仿学习。所以，切不要以为家里有权有势，生活优裕，孩子自然就会变好。石虎一家的事例鲜活地告诉人们，金钱和权力提升不了人的素质，还可能让人变得更加奢靡，甚至利令智昏，更加无良，残暴的依然残暴，没教养的依然没教养。

人的气质能不能改变呢？还是讲石虎同族人的事例，比较有说服力。

石虎的叔父石勒，是后赵的创立者。石勒是羯族人，出生在上党，就是今日山西长治地区。石勒家里穷，小时候读不上书，大字不识，没有文化。这和前面讲的石虎基本相同。青年时候，北方发生严重的灾荒，遍地是逃荒要饭的饥民，四处流浪。石勒也是穷人，太想发财了，他想出一个办法，找到一个有钱人，教他掳掠胡人卖做农奴，合伙发笔横财。真是个坏主意，自己是胡人，却打起同类的算盘，赚不义之财。

不知道世间是不是真有报应，石勒还没来得及实施计划，西晋的贪官污吏也想到了这一招，动手捕捉胡人，人口生意做得火爆。在被掠卖的行列中，出现了石勒的身影，他被卖到大户人家为奴，终日劳作，唉声叹气，内心不知是否愧疚，教人作恶，先食恶果。由此可知，当年的石勒毕竟没有文化，只能想出这等下作的计策。

后来，石勒逮到机会偷偷跑了。一路结识兄弟，十八人起兵，拉起队伍闯荡天下。他先投靠实力强大的匈奴，英勇作战，屡立战功，一步步崭露头角，当上大将军，手下兵强马壮，他独立出来，建立了后赵王朝。在打天下的过程中，石勒身上发生了很多变化。特别是在建国之后，他致力于推行文治，兴办了宣文、宣教、崇儒、崇训等十多所学校，热心办学，挑选部将及乡里头面人物子弟入学。以后办学的规模进一步扩大，下令每个郡都建立学校，教化百姓。石勒本人在戎马倥偬之际，还亲自到学校督促学生读书，奖掖才秀。各地学生完成学业，成绩优秀者授予官职。这样做的意图很明显，石勒有目的地改造政权，使其成为有文化的国度。

当年图谋掠卖人口的石勒，竟然发生颠覆性的转变，叫人意想不到。在当时群雄纷起、武力争夺天下的时局中，石勒与众不同，所以获得建国成功的成就。是什么改变了石勒的呢？是社会阅历和读书。

石勒本人虽然没有文化，但是战争的经验和打天下的经历，让他深深地懂得了必须学习的道理，只有文化才能改变自己。他在行军打仗的过程中，网罗了很多有文化的儒学之士，自己不识字没关系，请这些人给他念书，讲解历史，分析过去成败得失的经验教训，逐渐养成了习惯，一有空就要听讲，琢磨历史上的英雄人物是怎么做的，从中吸取智慧。有一次，儒士给他讲刘邦打天下的经过，这是他喜欢听的。刘邦起自底层，和石勒一样都是贫寒出身，借鉴意义更大。石勒非常关注刘邦的一举一动，研究他是如何建立一个如此成功的大帝国。儒士跟他讲，刘邦消灭项羽，夺取天下以后，谋士郦食其给他一个建议：分封天下。为什么呢？有秦朝的前车之鉴。秦朝实行高度集权的帝制，朝廷强大，地方孱弱，一旦朝廷出了问题，没人帮得上，所以不稳固。如果分封子弟，就有很多支柱，国家会更加稳固。听到这里，石勒惊叫道："万万不可，如果实行分封制，汉朝就大势去了。"石勒着实替刘邦捏了一把冷汗。儒生跟他讲，分封的建议没有被采纳，因为刘邦把这个建议拿去问张良，张良告诉他，不行。听到这里，石勒松了一口气。

从这件事情可以看到，石勒有了更加高远的眼光。虽然他不识字，但是他有很强的学习能力，具备很高的悟性，一直在学习。因为学习，他变了，不再是那个打家劫舍的土匪草寇，而成为国家的管理者。

石勒爱读书。有一次他和大臣们一起喝酒，又讨论起了历史，历史中充满真知灼见，最能给人以启发，学到大智慧。他们讨论得十分尽兴，石勒问大臣，古今英雄人物，与自己相比如何？大臣们纷纷颂扬他，称石勒神勇，是三皇五帝以来最伟大的英雄，几乎可以同黄帝相提并论，刘邦根本不值一提。越是没自信的人越喜欢听人吹捧，其底蕴也就暴露出来。面对部下的吹捧是飘飘然，还是保持冷静客观，尽显聪明度。什么是聪明人呢？战国时期有人开导过商鞅，告诉他善于听取别人的批评意见，叫作聪；能够真正了解自己，叫作明，人贵有自知之明。善听且自知，才叫作聪明。聪明的人在颂声四起的时候沉得住气，冷静如故，才有定力。

石勒面对大臣们的颂扬，笑着说道："你们把我讲得太高了，我如果有机会遇到刘邦，只能是俯首称臣，做他的部下；如果是遇到韩信这些人，可以跟他们打仗；如果是遇到东汉光武帝，我敢跟他一较雌雄；至于曹操、司马懿之流，我根本瞧不上眼。所以，我觉得自己大概在刘邦到刘秀之间。"石勒当然自视甚高，但是，还是能够比较冷静地评价自己，没有飘起来。为什么呢？因为这些年他书读多了，当年的草寇真的脱胎换骨，变成了后赵的皇帝，不仅是地位变了，眼光和胸怀也变了。石勒和侄子石虎相比，真有天壤之别。同一个家族出身，同样历经艰难，早年相似的地方太多了，后来怎么相差如此之远呢？这就是曾国藩所说的只有读书才能改变一个人的气质。按照曾国藩的说法，读书让人连骨相都变了。因为肚子里有料了，由里及外流露出来，骨相都变得清逸了。

人的一生是一个不断超越自我的过程。最初，我们接触世界开始做事情的时候，根据做每一件事情的得失成败获得经验。此后，我们会根据这些经验指导日后的工作，所以，我们的知识起初来自直接的经验。慢慢地，我们再进一步思考为什么，想问一个究竟，便把各种

◎石勒读书

经验教训分析归纳，进行总结，形成比较深入的理性思维。这就是从感性到理性的升华，从实践中学习。当然这种学习还处于初级阶段，还在自己所见所闻的范围之中，如果想再进一步，那就不能不读书，进行系统性的学习了。

世上的书籍很多，永远也读不完，必须挑选好书来读。人文历史，这些是我们的前辈了不起的人物做过的事业，心路历程，真知灼见，以及后人对他们的研究，理性分析，处处闪烁着智慧的光芒。读书就等于借助巨人的眼睛，站在他们的肩膀上，让我们看得更远、站得更高，我们的境界获得提升，指导自己的工作，哪怕一时不能找到最好的途径，却已经规避了许多陷阱，不会重复前人的错误。所以，读书就是自我提升的过程。境界高了，摆脱俗世的庸鄙偏见，腹有诗书气自华，气质在不知不觉中获得改变。

士别三日，当刮目相待

学贵变化之质，岂为猎章句，干利禄哉。若轻浮则矫之以严重，褊激则矫之以宽宏，暴戾则矫之以和厚，迂迟则矫之以敏迅。随其性之所偏，而约之使归于正，乃见学问之功大。以古人为鉴，莫先于读书。

——［明］庞尚鹏《庞氏家训》

学习贵在改变的本质，岂能为了摘录豪言壮语，用以谋取官位利禄。如果是轻浮的性格，则学习稳重来矫正，偏激的则用宽宏大量来矫正，暴戾的则用平和厚道来矫正，迟缓的则用敏捷来矫正。根据个人的性格偏向，进行矫正而使之归于正，由此可见学问之功巨大。以古人为鉴，最应该先做的事情是读书。

学习改变人，这个道理说明学习最可贵的不是积累知识，而是拓宽胸怀，提高眼界，从根本上改变心性，善于理性思辨，有很强的领悟能力。要做到这些方面，读书就应该有针对性，不是当故事听听，与己无关，意见相合的大声叫好，意见相左的斥责痛骂，这是根本没有读进去的表现。把读书当作娱乐，是在消费生命。正确的读书应该把自己置身其中，感同身受，一起思考，受到启发；还应该针对自己的性格特点，有针对性地学习，矫正性情上的偏差，补强弱项，矫正缺点，让自己发展得更加均衡。

找到适合自己的正确的读书方法，人的进步会非常神速，或许自己没有感觉到，但是，身旁的人可以看得十分清楚，由衷赞叹。

三国时代，吴国的大将军吕蒙，赫赫有名。他最著名的军功是夺取荆州，俘虏关羽，就这一仗已经足以让他名垂青史了。吕蒙起自民间底层，江南人，十五六岁的时候，跟着姐夫外出闯荡。当时的江南有很多盗贼，他姐夫前去围剿，战斗爆发，十分激烈，姐夫这才发现冲锋在前的竟然是吕蒙，吓坏了，这么一个未成年的少年，出了事怎么向他姐姐交代呢？他命令吕蒙回来，不许出阵，却根本管不住。实在无奈，他便将情况告到吕蒙母亲那里。吕蒙母亲急坏了，赶紧把儿子叫到跟前，命令他不许去打仗。吕蒙对母亲说："打仗也许能拼出一条路，总比我们现在坐守贫困要好得多啊。"母亲一听，好像也有道理，不得已只好让他去闯荡了。一个十五六岁的孩子，没读过书，从小就在战场上成长，必然是一身凶猛之气，可以说是英勇，也可以说是粗野，凭着一股义气在做事。古代的义气讲的是人与人的恩义，感性的成分颇多，仅凭着义气做事到了国家层面，其狭隘性就日益显现出来，眼界不高，胸怀也不够宽广，容易被感情所左右。一个少年如此彪悍，人家怎么看你呢？有表扬你的人，也有看不起你的人。吕蒙遇到了比他职位高的军官，看不起他，好几次当众羞辱他。吕蒙年轻气盛，拔刀直接就把这军官给杀了，然后逃走了。一点冲突，或者挫折和羞辱，就咽不下气，不惜拔刀杀人，没个轻重，完全受情绪支配，这时的吕蒙显然还很不成熟。

吕蒙逃跑以后，不久出来自首。地方官见他年少，十分彪悍，是有用之才，赦免了他。有人将他推荐给孙策，孙策是少年英雄，和吕蒙意气相投，器重他，留在身边。吕蒙屡建战功，提升上来，成为东吴重要的将领，只是他还是没有文化的战将，性格依然粗犷。这么多年指挥作战的经历，他身上出现了一些变化。因为不识文字，每次发布命令都是口述，让懂文字的人给他记录下来，形成书面材料。识字的官员瞧不起他，甚至嘲笑他。吕蒙没有像以前那样拔刀砍人，而是承认自己确实没文化，人家说的是事实，丝毫没有恨意，他的胸怀随着阅历在增大。更令人意想不到的是地方官出现空缺，孙权找吕蒙推荐合适的人选，吕蒙推荐了嘲笑自己的人，理由是他有文化，能够管好一方。

吕蒙变了，不但能够宽容批评自己的人，还能够欣赏别人的长处，克制自己。孙权手下有很多像吕蒙一样非常彪悍的将军，甘宁就是其中之一。甘宁在战场上不太听从命令，但打仗十分英勇，立了战功便居功自傲，谁都不放在眼里。孙权跟吕蒙说，甘宁太过分了，要给他一点颜色。这时候反倒是吕蒙劝孙权说：“现在正在打仗，大敌当前，像甘宁这样的猛将，还是容忍他吧。”

吕蒙的胸怀变得越来越宽阔，孙权感觉到这些变化，认为吕蒙是可造之才，堪当大任。有一次，吕蒙回都城向孙权汇报工作，孙权借机对吕蒙说：“你现在官做大了，位高权重，抽空读点书吧。”

吕蒙答道："现在军中事务繁忙，我哪有时间读书呢？"孙权笑了，说道："你再忙也不会比我忙吧？我这么忙还是挤出时间来读书。我小时候，家里让我读《诗》《书》《礼记》《左传》《国语》，只是没有读《周易》。掌管国家以后，我读了《史记》《汉书》，以及各家兵书，自以为受益很多。我看你为人爽朗，悟性也高，学习必定大有收获，怎么可以不努力呢？"孙权是江东人，家庭教育与中原并无二致，遵循中国古代的学习传统，读儒学经典，注重人格与智慧的培养。担当国家大任以后，出于工作的需要，他大量阅读历史著作，从中获得启发。他读的书并不功利，所以才有大智慧。像兵书之类实用性的书籍，在孙权的阅读书目中所占比重不大。根据自己学习的体会，孙权给吕蒙推荐了读书的目录，如《孙子》《六韬》《左传》《国语》和《史记》等。孙权开的书单针对性很强，偏重实用，适合吕蒙这种文化水平低却阅历丰富、悟性颇高的将军，既能学以致用，又能提高眼界。孙权还用孔子的话"终日不食，终夜不寝以思，无益，不如学也"来勉励吕蒙。孔子指出了像吕蒙这类依靠感性知识的人的毛病，不吃不喝，苦思冥想是不会进步的，应该读书学习。

吕蒙当时嘴上什么都没说，但孙权这番苦口婆心的劝说，他已经牢牢地记在心间。作为军人，吕蒙的行动力很强，想通的事情马上去做，而且做得非常卖力，回到驻地以后，他真的读起书来了。从一见到字就头大，到能够坐下来读进去，再到明白书中的意义，联系自己的实际，受到启发而津津有味，吕蒙闯过了读书的一个个难关。

了解三国历史的人都知道东吴出了一位风流倜傥的儒将周瑜，年纪轻轻却统率吴军赢得赤壁之战的胜利，名扬天下。孙权手下聚集了不少优秀的将领，周瑜英年早逝后，接替他的是鲁肃，一位具有战略眼光的主将，当初是他力主和刘备结盟，并且在刘备兵败长坂坡的危难时刻，帮助了刘备。识大局，有胸怀是鲁肃的优点。

鲁肃主管东吴的军队，各个重要将领的防区都得巡察，故他来到吕蒙驻扎的地方。在人们的印象中，吕蒙是骁勇善战的悍将，没什么文化，鲁肃恐怕也是这么认为的，没有做太多准备就来了。

见面之后，吕蒙同鲁肃之间有一次深谈，吕蒙问道："现在你接掌全国的军队，我们正面最主要的敌人是谁呢？"这是一个大问题，因为表面上孙刘联盟，但实际上刘备占据荆州不肯还给东吴，双方暗地里的关系十分紧张。吕蒙作为将军，必须把这个问题同主帅确定清楚。如果孙吴当前的主要矛盾不是曹操而是刘备的话，那么就必须对关羽有所准备。吕蒙接着分析道："关羽这个人不可小看，不但能打仗，而且还爱学习。"关公夜读《春秋》是很有名的故事。《春秋》是历史书，关羽有空喜欢读历史，手不释卷，吸取前人的智慧，故他是文武双全的大将，很难对付。说到这里，吕蒙突然问鲁肃："对于关羽你有什么预案吗？"一下子把鲁肃给问住了。鲁肃还真没认真想过这个问题。于是，吕蒙就跟他讲，我们对付这么厉害的敌人，一定要胸有成竹，要做好预案。这个人的优点已经讲过了，但他也有缺点，心高气傲，看不起人。所以，我们要利用他的骄傲来对付他。吕蒙提出三套方案，有的史书记载是五套方案，不管是三套还是五套，都说明吕蒙已经不再是以前那个勇猛拼杀的悍将，而变得十分心细，喜欢动脑筋，认真研究对手，成为有勇有谋的将军了。他抓住关羽的特点，早就想好了对策。而且，他想的对策都有历史的依据。吕蒙非常重视对敌人的心理分析，把敌军主帅琢磨透了，这是打仗的关键所在。鲁肃听后，非常吃惊，眼前的吕蒙什么时候变成了引经据典，分析形势头头是道的人呢？孙权曾经鼓励他读史，可他把阅读变成生命的一部分之后，涉猎颇广，远远超出了历史的范围。鲁肃左看右看，当年的吴下阿蒙，完全变了，让人由衷佩服。鲁肃夸奖他，问他怎么变化如此之大，吕蒙笑着说道："士别三日，当刮目相看。"掷地有声的回答，成为脍炙人口的成语。

从吕蒙的身上，我们看到读书是怎样改变一个人的内涵和气质的。一个喜欢读书的人，品格坏不到哪里；一个品格好的人，一生的运气也差不到哪里。

曾国藩说唯有读书才能改变一个人的气质，那是他从历史上无数人物成长的经历得出的结论，更是自己的经验之谈，肺腑之言。曾国藩就是这么做的，一生都在读书，行军作战，军务再繁忙，他都不停地读书，联系亲身实践经验，提升自己，理解世界。曾国藩是进士出身，书已经读得很多了，为什么还会这般拼命地学习呢？因为学习是在吸取人类社会的营养，充实自己，让自己从生物存在提升到文化存在。文化根基浅的人要学习，文化深厚的人也要学习，因为人生像江水一般不会停留，不奔涌向前汇入大海，便会在河床上干涸。

曾国藩爱学习的习惯影响了手下一大批将领，推动他们都去思考，不仅是如何解决当前的军事问题，更要深思造成动乱的社会原因和平乱之后的国家治理。晚清是中国空前未遇的大变局，内部的社会矛盾加上西方列强东来，彻底改变了旧有的社会与文化格局，内忧外患，国难深重，是灾难还是机遇，不能不深入思考，冷静应对。坦然面对危机，便能将它变成转机。然而，当时看清国情、具有国际视野的人才少之又少，所以，曾国藩特别强调学习的重要性，他带动部属、幕僚，乃至与之交往的远近朋友都努力学习，他带出来的湘军最厉害的不仅是能打仗，给国家和民族更大的贡献是带出了近代一大批栋梁之材。读书不但改变一个人，每个人都读书将会改变一个国家，提升整个民族的素质。

无用乃大用：赵括与韩信

古之学者为己，以补不足也；今之学者为人，但能说之也。古之学者为人，行道以利世也；今之学者为己，修身以求进也。夫学者犹种树也，春玩其华，秋登其实；讲论文章，春华也，修身利行，秋实也。

——［隋］颜之推《颜氏家训》

古人求学，为的是完善自我，弥补自己的不足；今人求学，为的是向别人炫耀，只有一张嘴能说会吹。古人求学为他人，推行正道而利于世间；今人求学为自己，装饰修炼以求晋升。学习好像种树，春天赏玩其花，秋天获得果实。讲论文章，好比春华，修身利世，犹如秋实。

“书中自有黄金屋，书中自有颜如玉”，宋朝以来，人们常用这句话来勉励读书人。怎么理解这句话呢？它原来出自宋朝皇帝勉励学子的一首打油诗，从高境界去理解，读书是自我提升，有了本事，物质利益何愁不来。因此，皇帝鼓励大家去参加科举，考取功名。即使这般理解，境界实在也不高。中国学术难以突破，因为自古学习只有一条当官的出路，不为官则不学习，当了官便有了一切。学界没有为学术而孜孜以求，社会没有为技艺而精益求精，学习没有独立性，只成为功利的奴仆。

这句诗媚俗的理解，就是读书为了金钱美女，大多数人是这么想的，所以古代有不少科场小说，一旦考取功名，美女涌上花楼，漫天绣球抛洒下来，一夜骑上高头大马，不是驸马爷便是富商婿，读书和春梦完美结合，到头来只有人格猥琐和一场虚幻。

然而，这场虚幻的梦并没有结束，改版以后在现在火爆上演。从幼童开始，一切的学习都有着直接的功利性目标。小时候学汉字，念英文，是为了考上好的小学。选择好的小学是为了上好中学，最终是为了考上名牌大学。算下来，小孩子几乎从两三岁就被强迫开始学习，作为人的培养缺位了，孩子被当作功利性学习机器，将他的热情与好奇心全部耗尽，为了一个短浅的目标，名牌大学加功利性专业，一切大功告成。目标既已达成，同学们还需努力吗？许多大学生瞬间变成丧失目标与理想的混混，大学成为义务很少的娱乐休息场所，只要应付一些徒有其名的课程，争取高一点的分数，已经没有追求的学术了。中国一流大学的学生，同世界发达国家一流大学学生相比，从阅读量到视野的宽度、理解的深度、发现问题的敏感度都有着不小的差距。领先世界的是父母亲的教育焦虑症。

功利性学习不仅表现在全民拼升学率上，还反映在孩子的培养方面。长期的独生子女状态，让家长对仅有的孩子寄托了太多不切实际的希望，把自己成功的，没有成功的，乃至希望成功的一切都压在孩子身上，希望孩子生下来就比别的孩子聪明，天生是个神童，琴棋书画，天文地理，唐诗宋词，无所不通。弥漫在父母中间的还有望子成龙的成才综合征。

把学习当作实现功利目标的手段、没有思想的知识积累、缺乏严格系统性训练却追求思想火花的点缀，对于这些内涵不足的有意忽视而自吹自擂，空谈优秀却腹中空空，谩骂传统文化迂腐落后而目空一切，让社会患上了轻浮症。

把功利作为考量一切的基础，教育病得不轻，伤得很重。其最主要的表现是抽掉教育的本质，片面追求知识的灌输。脱离理论的体系，知识只是一堆碎片。没有基础理论的突破，任何单项的科研成果都是孤立的卫星，难以为继。在这种方针下，教育变成有规定范围、有标准答案的死记硬背。既然范围和答案都有了，还需要探索吗？怎能培养出创造型人才呢？那不是教育了，已经沦为训练。这一切都拜功利主义所赐。

真正的教育应该教人如何思考问题和探索解决问题的方法，读书应该启发人的心智，无须强记，却要举一反三，融会贯通，否则记忆竞赛式的读书，反而成为包袱和障碍。

春秋时代，赵国是北方大国，出了一员名将赵奢，曾经打败强大的秦军，立下赫赫战功，和廉颇、蔺相如并列为赵国三大名将，有他们在，一旁虎视眈眈的秦国就不敢欺负赵国。

赵奢有一个儿子名叫赵括，喜欢读书，尤其喜欢读兵书，读得倒背如流，滚瓜烂熟，颇有将门之后的味道。他谈论起兵法来，例如行兵布阵，行军作战，讲得头头是道，引经据典，有理有据，连沙场老将的父亲都说不过他。他母亲很高兴，跟他父亲说：“你看，咱们这孩子成才了，军事理论学得多好啊！”赵奢不以为然，反而深感忧虑，回答道：“咱们的孩子真的不行。为什么不行呢？因为打仗是生死较量，一丝一毫失误很可能决定军队的生死、国家的存亡，所以，真正指挥打仗的人是慎之又慎，如履薄冰，一点都不敢空想和懈怠。咱们的孩子学的全是理论，一套又一套，可打仗不是理论探索，讲得头头是道的往往经不起实践检验。因为熟记理论，心高气傲，就不细致、不认真，不重视实际调查，学成的是夸夸其谈。”赵奢虽然不是学者，但他讲到了学习的关键所在，读书不在多，而在于领悟和贯通。领悟不靠推论和空想，而在于实践基础。赵括读到的全是书本知识，都是死的东西，而形成这些知识的根本东西，中国古人或称之为“道”，或称之为“理”，这才是让知识活起来的本。知识是无穷的，道却没有那么繁复，所谓“大道至简”。读书所造成的知识积累并非不重要，那是为了悟道的铺垫，否则就演变成为记忆竞赛。我有时候想，我们读了那么多书，听了那么多课和演讲，一生能铭记于心的话到底有几句呢？铭记下来的一定是让自己在各个阶段开悟的真言，“所谓听君一席话，胜读十年书”。我们就是在这几句话引导下，登堂入室，一个境界一个境界地攀登上去。一句话，够用一辈子；一辈子，才领悟一句话。所以，不是知识越多水平就越高。赵奢交代夫人说：“今后千万不要让咱们的儿子当将军。他能说会道，少年成名，我很担心赵王迟早会用他为将，那就是赵国的灾祸。真到那时候，你一定要想尽办法向赵王推辞掉。如果实在推辞不掉，那就一定要跟赵王讲清楚，我们不承担任何后果。”

赵奢的担心果然成为现实。他死后，廉颇和蔺相如也都老了，赵国缺少能征善战的将军，而秦国却名将辈出。这一年，秦国又大举进攻赵国，赵国让老将廉颇率兵抵御。廉颇和秦军打了几仗，每仗都输。廉颇知道，赵军打不过秦军。于是，他借助地形地利严密防守，再不出战，让秦军顿兵坚城之下，挫伤锐气，一筹莫展。

秦国很快想到了破解之术，暗地里派人到赵国都城去散布流言，说廉颇老了不中用，根本不能打仗，连战连败，秦军根本没把他放在眼里。可惜赵国不会用人，有绝世人才却被晾在一边。秦国其实最害怕的是赵括，幸好他没出阵，不然秦军就要认输了。

这流言很快传进赵王耳朵，他早就听说赵括了得，看看廉颇的战法，龟缩挨打，真够窝囊的。赵王急迫需要胜利，振奋人心，扬眉吐气。所以，他决定临战换将，任命赵括为总指挥。

赵括的母亲得知这消息，赶紧找到赵王，大力劝阻道："千万别用我儿子为将，他父亲活着的时候有交代，不能用他，用了必败。"赵王不听，认为是无稽之谈，铁了心任用赵括。赵括的母亲便与赵王约定："如果大王一定要任用赵括，我一再推辞也不被允许，那么，请大王后果自负，我们立据为证，今后不管打成什么样，您决不能追究到我们赵家。"赵王同意了，派遣赵括上任。

赵括一到前线，巡视廉颇的布防，从心底里感觉廉颇实在太胆小了。他认为秦军远道而来，打了这么久，师老兵疲，锐气已失，而赵军以逸待劳，又得地利，有什么需要害怕的呢？兵书上讲敌疲我打嘛，所以，现在应该全线出击，大破秦军。赵括命令全军转守为攻，出城作战。赵军连打了几场胜仗，更加坚定了赵括的信心，认定自己对秦军的分析完全正确。于是，他下令发起决战，意图一举击溃秦军。

从兵书案例来说，赵括的判断有道理。然而，战争本来就不是讲道理的事情，赵括这种贵公子哪里懂得战争是实践的艺术？他无知所以无畏，完全不会害怕眼前的对手——秦国最厉害的将军白起。赵括赢得的那几仗是白起故意让给他的，真正优秀的将领首先要吃透对方主帅，从性格作风到生活细节，才知道如何应对。白起和廉颇棋逢对手，才设计让赵国换上赵括，因为这是一个毫无军事实践经验的年轻人，除了纸上谈兵，剩下的便是少年气盛的骄傲，所以白起让他先占点小便宜，助长傲气，目空一切，引诱他倾巢出动，失去地利。秦军节节败退，把赵军引入预设的山地埋伏圈，重重包围起来。秦军开始从山上有利地形发起进攻，高山滚石，箭如雨下。赵军拼死抵抗，但后路被掐断了，后勤补给不上，四面崇山峻岭，无路可走。赵括带着精锐部队奋力突围，碰到的全是铜墙铁壁，不但突不出去，自己还被击杀。赵括一死，陷入绝境的赵军只好投降，四十万人齐卸甲，只求停战回家。可是，秦国发动的是征服战，决不让失败者再有丝毫机会，所以将赵军全部坑杀，这就是历史上有名的秦赵长平之战。一个夸夸其谈的人，让赵国四十万青年将士全部葬身山谷，赵国元气大伤，最终被秦灭国。

赵括为什么失败呢？因为他读书功利性太明显，所以学的净是实用性知识，诸如排兵布阵的种类、进攻撤退的套路等，按照教科书的规范行动，典型的读死书、死读书。实际上，面对千变万化的人与事，往往越实用的东西越无用，生搬硬套除了反映其悟性差之外，只有自取失败。真正会读书的人读什么呢？读无用之书，看似无用，却把道理讲透，无用乃大用。不少人似乎懂得这个道理，可是，一旦遇到自家孩子读人文书便要大力阻拦干涉，认为是无用之学，说明所谓懂得是假的。

学习首先要破除的是功利之心，学问不能当作知识来追求和积累，一旦被功利所蒙蔽，就领会不到精髓。古人教人读书，第一条便是立志，端正学习的目的性，不为知识变现，而是为了探明事物演化的根本道理，提高理解力和领悟力，提升和完善自我，如果有机会便去带动更多的人一起学习，明白事理，行大道以兼济天下。

不被功利束缚与驱使，脱俗方能心静，此其一。凝神定气，结合自己的实践经历，琢磨书中的道理，便能够得到启发，此其二。善于思考，就能够看透事物的各种表现形式，乃至实用性知识的十八般兵器，抓住背后主宰的原理，真正的智慧便涌现出来，此其三。对于真正的智慧者而言，知识如同道具，能够运用得如同魔术，出神入化。

秦朝末年，淮阴乡下有一位贫寒子弟名叫韩信，家里穷，吃不上饭，却喜欢读书。读书挣不了钱，只好找接济穷人的地方随便混口饭。可是，他每天都来吃饭，人家嫌弃他吃白食，变法子让他吃不上饭。韩信心高气傲，见人家嫌弃他，便不再来了，找个人少的河边，只管读书，忍饥挨饿，苦读不已。河边有个给人洗衣服的漂母，见韩信好生可怜，同情他，把自己带来的饭菜剩一点给韩信吃。韩信就靠着漂母的这口饭，硬是完成了自己的学习计划，把书读完。可见，韩信志向很高，所以不断地充实和提高自己。如果他注重眼前的利益，就应该去工作赚钱。书读多了，见识变得宽广，韩信投身反秦武装便不同凡响，让懂得人才的高人刮目相看，将他推荐给刘邦，筑台拜将，成为汉军的统帅。一生大大小小打了几十仗，战绩辉煌。刘邦与项羽作战，坚守在河南一线的正面战场，拨给韩信少量老弱部队，命他从山西迂回出去，向河北、山东等广大的敌人后方挺进，牵制项羽。没想到韩信竟然创造了一个又一个奇迹，以弱旅克强敌，席卷了大半个中国，带出数十万雄兵，形成对项羽的战略大包围，最后指挥著名的十面埋伏的大决战，将项羽消灭在垓下，完成汉朝统一中国的大业。

韩信身材瘦小，百战百胜，用兵如神，靠的不是勇猛，而是善于运用智慧，早年艰辛读书的积累，让他建立不朽之功。他指挥的战役，几乎都是没有后方，以弱胜强的模范战例。他是如何打仗的呢？我们来说说灭赵之战。此役发生在历史上兵家必争的咽喉之地井陉，也就是今日河北正定一带的山区。从山西北上，出了井陉关，前面就是华北大平原。坐镇赵国的是文武双全的陈余，听说韩信孤军深入，兵微将寡，便率领主力前来，准备一举歼灭。

陈余熟读兵书，《孙子兵法》讲解作战的原则，十倍则围之，五倍则攻之，两倍则迎战之。陈余的兵力不知道比韩信多多少倍，而且还占据地形之利，所以，陈余积极谋求同韩信决战。陈余手下的谋士李左车却有不同看法，认为韩信远道而来，粮食不多，利在速战，志在必得，而赵军兵多粮广，在自己家里作战，占尽天时地利人和的优势，完全应该以逸待劳，坚守正面关隘，不要给韩信任何作战的机会，同时派出精锐骑兵，包抄到韩信后方，切断其后路，让韩信进不可战，退则无路可撤，几天以后，人困粮绝，赵军前后夹击，必可砍

◎韩信河边苦读

下韩信的脑袋。陈余认为这不符合兵法，更何况赵军拥有绝对的优势，怎么可以示弱不出？韩信虚张声势，号称二十万大军，其实只有几千人，这么弱小的部队，简直是上天送给赵军的机会，何必如此费心与之周旋，贻笑大方。于是，陈余决定出城迎敌。

韩信的密探把陈余的决定传回来，韩信非常高兴。他最担心的就是陈余坚守不战，也就是陈余谋士的计策，现在得知被陈余弃而不用，真要谢天谢地了。

韩信带着部队过了河，在河前布阵，这是非常奇怪的做法。因为兵书里讲布阵必须面对着河水，其道理也是明摆着的，借助河水作为防御工事。现在韩信正好相反，前面是敌军，后面是河水，岂不是自绝退路吗？自己给自己制造出一块死地，有违常理，更不符合兵家之道，谁也看不懂。

韩信悄悄叫来属下布置任务，说道："陈余最想要抓我，所以，等会我亲自带兵发起攻击，陈余看到是我来了，求胜心切，一定会倾巢出动，全面进攻。我给你们两千人马，每人携带一面汉军的红旗，悄悄埋伏在井陉关的山周围，等到赵军全部出动之后，你们发动突然袭击，攻进几乎无人防守的井陉关，把赵军的旗帜全部拔掉，换上汉军的旗帜，再守住关城，我们就在今日中午时分全歼赵军。"韩信的部将是满腹狐疑，汉军就这么一点兵力，能顶得住赵军的攻势都不容易，还说中午便能全歼赵军，不太可能吧。但是，军令如山，不明白也得好好执行，大家走着瞧，看韩信的葫芦里究竟卖的是什么药。

韩信真的带兵出阵了。他一直挺进到井陉关城下，扣关挑战。陈余看清楚是韩信送上门，兴奋起来，带着大股人马出城，两相交战，韩信的军队毕竟人少，打了一会儿就抵挡不住，节节败退，撤进河前的军阵。到这里再也无路可退，后面是滔滔江水，汉军上上下下只能拼死抵抗，顿时战斗力倍增。陈余进攻到这里，很难向前推进，双方的战线胶着在这里，仗打得十分激烈。陈余发起数次冲锋，都被打退，时间临近中午，将士们又累又饿，想停下来吃过午饭再战。赵军回望井陉关，突然间发现不对，上面插遍了汉军的红旗。他们惊呆了，井陉关已经陷落，无路可归了。惊愕变成了恐惧，赵军竟然在这一刻溃散，大家一路狂奔，试图从山路冲过关，逃出包围。汉军转守为攻，果然如韩信所言，在中午时分全歼赵军。汉军乘胜追击，一举拿下赵军，俘虏了陈余。

战斗结束以后，各路将领还是没能弄懂当天到底是什么道理，怎么稀里糊涂获得胜利呢？他们在庆功宴上问韩信："咱们今天行兵布阵全然不合兵法，为什么却获得胜利呢？"韩信笑着回答："我们何曾违背兵法呢？胜利的道理全都写在兵书上，只是你们没有读懂罢了。兵书上不是清楚地写明：置之死地而后生吗？我们这支部队是刘邦挑剩下的，我也不曾亲自训练过，绝非精锐之师。这样的部队如果放在符合兵法要求的合理之处布阵，士卒看到退路，便会在优势敌军的进攻下溃败，根本无法同赵军作战。对于这种战斗力不强的部队，我只能把他们放在死地，逼出他们的战斗力，这就是兵法。"听了这一席话，众将恍然大悟。原来书要这么读：得其真谛而不拘形式。

同是军人，同样读书，怎么韩信和赵括有云泥之别呢？心志和悟性不同，学习的效果天差地别。能够将各种与学习无关的纷扰祛除干净，没有升官发财、美女大宅的幻象，心就变得纯净。心纯则志远，名利淡则智慧出，无用乃大用。

切问近思：理性的批判精神

盖世人读书，第一要有志，第二要有识，第三要有恒。有志则断不甘为下流；有识则知学问无尽，不敢以一得自足，如河伯之观海，如井蛙之窥天，皆无识者也；有恒则断无不成之事。此三者缺一不可。

——［清］曾国藩《致澄温沅季诸弟》

世人读书，第一要有志，第二要有识，第三要有恒。有志就断然不会甘居下流；有识就会知道学问是无穷的，不敢学会一点就自满，像河伯观海、井蛙窥天之流，都是没有学识。有恒就一定不会有做不成的事。这三者缺一不可。

同一本书，不同的人来读，得出的想法不同，受到的启发也不一样，把书读透，将知识读活是最重要的。有人说读万卷书不如行万里路，行万里路不如名师指路。人生遇到名师乃莫大幸事。学习中最难攻破的关卡是从具体的事象升华到原理性的道，师之所存，道之所存，故师乃传道之人，而非教书之职。刘邦得张良而汉室昌，项羽失范增而西楚亡。古之学者必有师，拜师学习即为捷径。名师难觅，岂不是不要学习了吗？其实，各种境界的师一直在我们身旁，孔子说“三人行必有我师”，放下架子，不耻下问，自己水平高了，与高人相遇的机会就大大增加。所以，求学还得老老实实地从认真读书、努力提升自我做起。

怎么读书呢？曾国藩对此深有心得，在给亲友的信中，他把自己的体会拿出来分享，提出读书学习要有三个基本要素：第一要有志，第二要有识，第三要有恒。有志则断不甘为下流，有识则知学问无尽，有恒则终此一生追求明理悟道，决无不成之理。

第一，是要有远大的志向，不是要做大官，发大财，而是要彻悟天地人生之大道，挣脱俗世功利的桎梏，获取身心的自由。有这么高的境界，读书就不会甘于下流：不会专读实用性书籍，挣钱升官；也不会把学习娱乐化，得到感官享受。关于脱俗静心领悟开智，上一篇做了讲解，不再赘述。

第二，读书重在增长见识，使视野开阔，眼光深邃，论证严密，系统思维。学知识的人读到一点东西，涉猎稀奇，见人不知，会兴奋不已，奔走相告，傲气油然而生，贬低他人，抬高自己，书读得越多，越自以为是，可以归入有知识没文化一类。真正读书在于增长见识，人再了不起也只能明白世界的一点点道理，九牛一毛，了解得越多，越感到事理的深邃博大，无边无际。聪明如牛顿、爱因斯坦，在发现了伟大的物理定律后，都对无限的宇宙望洋兴叹，深深敬畏。曾国藩说有识才不会井蛙观天，中外贤者，所悟皆同。

第三，读书是一生的学习过程，持续不断，不要追求立竿见影，迅速见效。学了就想套用，记本本，背教条，刚开始可能还能套用一点，扬扬得意，越往深处去，就越套用不上，开始碰壁，于是埋怨书本，不再学习了。读书是不断积累和持续启发智慧的过程，随着见识增长而发生潜移默化的作用，遇事冷静，善于独立思考，找到适合自己的解决之道。因此，学习一定要持之以恒，所谓活到老，学到老。曾国藩告诉人们，只要坚持读书学习，就没有做不成的事情。

持之以恒地学习，眼界见地逐渐提高，在某一个时刻，很多看起来毫不相干的事情竟然融会贯通，发生让自己都觉得是不可思议的神奇力量，悟则通。

我曾经听过一场美学报告，恐怕大家想都想不到主讲人是著名的物理学家、诺贝尔物理学奖获得者李政道教授。为什么他会讲美学呢？原来他年轻的时候非常喜欢人文，读了不少这方面的书籍，属于人称无用之书。他感受到一个意境，一种美，乃宇宙间的对称之美。在自然界里有很多事物是以对称的形式出现的，所以，对称是事物的一个法则，他十分欣赏这种美，思考着对称与不对称的道理。后来，他学习物理，感觉物理世界里也存在相同的法则。据说他从人文获得启发，深入研究，取得极大的成就，被授予诺贝尔物理学奖。那一场讲演，让人鲜活地感受到无用乃大用，各个学科是相通的，所以，读书的时候千万不要一味做功利性取舍，自己画地为牢，束缚思想。

2010年，我们和复旦大学现代人类学教育部重点实验室的学者组成文理多学科团队，启动了寻找曹操遗传基因的研究。我们做了大胆的尝试，试图打通现代人与远古祖先的寻根之路，通过遗传生物学、历史学、考古学，结合谱牒方志，从现代人身上找到远古的祖宗，探明其遗传谱系。复旦大学现代人类学教育部重点实验室的创立者是金力教授，他是中国科学院院士，我们合作研究，经常在一起交谈。我很吃惊的是他对中外历史非常熟悉，谈起来如数家珍，有非常深入的理解。而且，他能大段背诵古诗、古文，宛如文科教授。面对我的好奇，他告诉我，读中学的时候，他最喜欢的两个学科，一个是历史，一个是数学，后来走上研究生物学的道路，但是对于人文的兴趣不曾衰退，不断阅读。历史学仿佛同分子生物沾不上边，可是，生物遗传的过程在世间留下的印记，不就是人类迁徙、分布、繁衍、适应和变异的历史吗？遗传学里有历史，而历史学则成为各个学科之母。许多重要的发现和灵感，豁然开朗的启发，竟然来自我们平常的人文与社会经验。所以，读书要脱俗，方能有识。

要做到有识，第一要专心致志，全力以赴。第二要理性思辨，独立判断。

晚清功臣左宗棠曾经在家书中传授读书的心得，那就是“读书要目到、口到、心到”（《左宗棠全集·家书》）。首先是目到。读书当然要用眼睛看，不言而喻。然而，真正做到眼到并不是那么容易的。有许多艺术类的作品，或者物质文化遗产，很多人只是通过文字介绍得知的，或者停留于看看图录，并没有真正亲眼看到。关于地理山川形胜，也仅限于书面了解，没有亲自实地考察过。见与不见，大不相同。我原先研究日本文学，到日本留学后，按照老师的要求，对于每一位作家的作品，要拿到他创作的地方去读，重走他的路以研究其心迹，在这个基础上，才能领会作品的含义。这种研究方法给我很大的启发，以后我研究历史，每年都要抽出时间到各地考察，这才越来越明白古人为什么说“读万卷书，行万里路”的道理。

其次，是口到。许多作品是要大声朗读吟诵，才能感受到其精妙之处，尤其像诗词、歌赋、韵文等等，只有读出声来，才有味道。像姜白石、柳永等人的作品，非常讲究声律音韵，非诵读不可。自己写的东西，也要边写边读，才能把文章写得流畅。而且，诵读还能帮助记忆，背诵过的东西容易记住。

再次，是心到，也就是要用心去体会和领悟，这一条最重要。读书一定要用自己全部的心智、经历和经验去慢慢咀嚼体悟。孔子说：“学而不思则罔，思而不学则殆。”如果我们不用心去辨析感悟，而只是埋头读书，毫无批判地全盘接受，那么，书读得越多就越迷茫。停留于对事物表象的认识，失去对事物本质的感悟，充其量只能读成书橱，说起话来引经据典，仿佛十分渊博，其实只是鹦鹉学舌。相反，如果不读书而只是一味空想，不断有思想火花闪现，显得深沉而锐利，其实言之无物，十分空洞。所以，学与思是读书的两个方面，缺一不可。

心到与上面提到的有识之第二条正相符合，学习一定要理性思辨，经过验证才能接受，既不可盲目轻信，也不要迷信权威。近代新文化运动的领袖胡适在《介绍我自己的思想》一文中，总结自己学习的经验，说了一段颇有启发的话：

> 我的思想受两个人的影响最大：一个是赫胥黎，一个是杜威先生。赫胥黎教我怎样怀疑，叫我不相信一切没有充分证据的东西。杜威先生教我怎样思想，叫我处处顾到当前的问题，教我把

一切学说理想都看作待证的假设，叫我处处顾到思想的结果。

不相信一切没有充分证据的东西，亲自去检验它，经过检验才接受它，这样读书，才能读出个性，读出学识，才能成为一个具有批判精神的读书人。

从亲眼观察，到用心体会；从感性到理性，读书就是一个不断反复、不断深入的过程。对于这个过程，德国思想家康德在《纯粹理性批判》中有精辟的总结，他说道：

> 没有感性，我们就感受不到任何一个对象；没有悟性，我们就不能思考任何一个对象。没有内容的思维是空洞的，没有概念的直观是盲目的。

读书而有识，等于借助别人的眼睛和大脑了解世界，见多识广，便有底气，见怪不怪，临危不惧，自信而有定力。一起创建湘军的罗泽南将一生的感悟写信对曾国藩说道："乱极时站得住，才是有用之学。"乱到极点依然站得住，是因为把事物看透了，而大多数人则迷恋于繁华的表象，就人生而言，属于自己的有哪些呢？金钱、权力、物质财富都是生不带来死不带去的，只有生命存在的时间属于自己。所以，一切物质的东西都要看淡，它们只是在生命存在的时间里被借用一番而已，值得"人为财死，鸟为食亡"吗？成语说得好：利令智昏。再聪明的人一旦被利益捆绑，便智慧泯灭，昏招迭出。

汉朝的开创者刘邦，虽然不读书，却善于听取正确的意见，勇于纠正自己的错误，通过实践来学习，是个有识之人。

消灭项羽之后，择都建国成为当务之急。刘邦最先选择的是洛阳。洛阳地理位置居中，四通八达，便于驾驭各地，似乎是个很好的选择。但是，谋士张良等人反对，刘邦不明白，对张良讲："西周建立两京，其中之一就是洛阳，我继承西周的做法，并非标新立异，有何不妥呢？"张良给刘邦分析道："西周是怎么得天下的？推翻了商以后，周武王大封天下，先分封的是商朝各路实力人物，再往上推，分封尧舜禹以来的贵族酋长，端平一碗水，把大家的利益都照顾好了，然后才分封自己的子弟，同前面分封的各个国家呈现犬牙交错的形势。大家觉得周朝做事公平，都拥护它，所以，周朝可以把都城放在洛阳。而您是如何夺取天下的呢？南征北战，死伤无数，遍地哀号，有太多人想复仇，想推翻汉朝。光是这一点，您就必须派大军保卫首都。这时候洛阳的缺点便暴露出来了：它西北有山，据险可守。可是，东面平坦，没有可资利用的地形，只能派军队防御，这就需要巨大的军费开支，国家会被拖垮。如果定都关中，那里的形势最好，四面有山，多条河水流经咸阳，土地肥沃，只需把守四面关卡就可以了。而且，关中的腹地足够大，号称八百里秦川，足以养育巨大的都城，这么好的地方怎能放弃呢？"

刘邦听了张良的分析，马上领悟到张良是正确的，当晚动身前往咸阳，在那里建立首都。他听得懂张良的话，说明内心还是很有见识，而且行动力很强。能不能纳谏，不仅是态度的问题，更考验一个人的水平。如果同项羽做个比较，就能够看得更加清楚。当年项羽夺取天下，也有人劝他千万不要把都城放在彭城，一定选择定都关中。

说了半天，项羽不予采纳，一意孤行，坚持把都城定在家乡彭城。见识如此短浅，所以有人讥讽他是沐猴而冠，也就是猴子穿着衣冠，看似人模人样，其实还是一只猴子。项羽非但不悟，还把批评的人直接给烹了，没有见识就分不出正确与错误，刚愎自用。

见识增长没有止境，所以，读书学习一定要持之以恒，这就是曾国藩提出的第三条读书要诀。有些人说读书好辛苦，尤其是现在的中小学生，天天记忆背诵，叫苦连天。这是很有问题的。学习不要贪多，不要死记硬背。本来历史是最引人入胜的，可是现在有些学校的历史课要学生死记人名、地名和年代，把内容全都抽掉了，剩下一堆枯燥的专有名词。没有灵魂的知识怎能培育出真知灼见呢？明朝人撰写的《菜根谭》说道："学者有段兢业的心思，又要有段潇洒的趣味，若一味敛束清苦，是有秋杀无春生，何以发育万物。"读书的关键是领会，弄通事理，便满心喜悦，每发现一点，就想再推进一步，不断受到启发，书也就越读越开心、越入迷，自然而然地读下去，成为生活习惯，构成生命的一部分。古人讲背诵，不是为记忆而背诵，而是铭刻于心间，通过反复揣摩，用生命实践的体验逐渐领悟。没有领悟就没有进境。

益者三友：唐太宗的朋友圈

大凡敦厚忠信，能攻吾过者，益友也。其谄谀轻薄、傲慢亵狎、导人为恶者，损友也。……见人嘉言善行，则敬慕而纪录之；见人好文字胜己者，则借来熟看，或传录之而咨问之，思与之齐而后已。

——［南宋］朱熹《训子帖》

凡是敦厚忠信能够指出我的过错的人，就是有益的朋友。而那些轻薄阿谀、傲慢猥亵之徒，则是有害的朋友。……见到别人有嘉言善行，就应该敬慕他，记录下来；看到别人的好文章，超过自己，就应该借来熟读，或者抄录传诵，当面请教，想着向他看齐，不懈努力。

人是群居的，小到村庄邻里，大到国家民族，每个人都必须和别人相互依存才能够生存，从而形成特殊的人群结构——社会。生活上相互依存，造成人与人之间强烈的相互影响。依靠群体活动，身边一定有亲密的人，这就是朋友。

朋友对于一个人的一生来说，非常重要。一个身有主见、个性坚强的人，他可能受别人的影响少一点，而影响别人的方面多一些。相反，比较缺乏主见的人，则受人影响颇多，有时甚至是决定性的。而且，人还有一个特点，通常会与自己相同年龄段的人走得近，从而构成以年龄段划分的人群。对于性格成长阶段的青少年，心理不成熟，社会阅历几乎空白，这时候交朋友而受影响，至关重要。

会不会交朋友，其实是对自己的素养以及在家庭受到的教育的检验。

古代家训非常重视交友。朱熹《训子帖》用自己的人生经验，教儿子如何识人与交友，他认为有好的朋友与坏的朋友。一般而言，为人敦厚，言而有信，忠实可靠，会指出你的不足之处的人，是对你一生有帮助的好朋友；专门拍马屁，说好听的话，甚至带着你去做低俗的甚至是见不得人的事的人，是对你一生有害的坏朋友。这就告诉我们，交朋友不能依据气味相投来做选择，如果你不想提升自我，便"物以类聚，人以群分"吧。

对于好的朋友，我们应该敬慕、尊重并向他学习，所谓见贤思齐。如果能够培育出这般胸怀与见识，不管你出身的家庭是富是贫，也不管受到的教育程度是高是低，都能够不断地获得提升。唐朝书法的代表人物颜真卿，出身于一个重视操守的家庭，诗礼传家。他的五世祖颜之推遭逢乱世，一生漂泊，历仕南北朝的梁、北齐、北周和隋朝四个政权，亲眼看到世态人情和南北风俗，特别是在乱世，道德沦丧，人情险薄。他虽然在乱世中洁身自好，保持君子品格，但也见到许多人因为交友不慎而误入歧途，甚至遭遇祸害。所以，他在《颜氏家训》中教导自己的子女一定要慎重交友。

那么，要交什么样的朋友呢？颜之推以自己为例，说道：

我出生在乱世，成长于战火纷飞的年代，流离漂泊，见闻颇多。遇到有名的贤者，未尝不心驰神往地仰慕他。人在少年的时候，性情还没有定型，和亲密的朋友在一起，会受到熏陶感染，谈笑举止，尽管没有刻意模仿，也会在潜移默化之间，自然相似，何况操守技能等显露出来容易学习的东西。所以，和好人相处，如同进入芝兰花房，时间长了，自己也变得芬芳起来；而同恶人在一起，就像来到咸鱼市场，时间久了，自己也变得腥臭起来。墨子见人染发，感叹头发因颜色而变，乃有感而发。君子必须珍重交友！孔子说："应该和超过自己的朋友交游。"像颜回、闵损这样的优秀学生，不是经常可以获得的。只要比我优秀，便足以让我尊重他。

朋友有各式各样，交朋友首先要交那些品德学识高于自己的人，"近朱者赤"，与高尚的人相交，作为榜样，自己可以获得提高。相同的道理，"近墨者黑"，最需要警惕的是不要交酒肉朋友，或者气味相投、一味迎合自己的朋友。群居性的人大多害怕孤寂，所以有些经常在一起的朋友，吃吃喝喝，吹拉弹唱，见地水平大同小异，其实对于你的人生没有实质性的帮助，此类人可以交，却不可以亲；可以做伴，却不能作为朋友。

性格刚毅的人，独立性较强，较少这类交际性的活动，其为人正派，见识不凡，不刻意迎合别人，可是，他们能够在我们遇到问题的关头直言相告，在困难的时候鼓励我们，在情绪冲动的时候劝导我们，在犯错误的时候纠正我们，这样的人才是真正爱护我们的朋友。当然，这样的朋友可能让我们不愉快，然而，他却每每在我们人生的重要时刻给我们很大的帮助，让我们不由得对他肃然起敬，引以为“畏友”。

人生如果多有几位“畏友”，就会非常踏实和幸福。作为政治人物，权力越大，则朋友越少，越没有人同他讲真话，围绕在身边的大多是因利而来的人。如果身边有真正的朋友，那么，做成的事业则不同凡响。被称作“千古一帝”的唐太宗，能够奠基大唐盛世，很重要的原因是他给自己立了三面镜子：“以铜为镜，可以正衣冠；以史为镜，可以知兴替；以人为镜，可以明得失。”铜镜不言自明，史镜则来自读书学习，是无言的朋友。人镜用来对照自己的差距，告诉他必须与比自己高的人交朋友。以古人为镜，以古代圣贤为榜样，比较容易做到。因为这些人已经死去了，他容易放下自己内心的傲气和架子。以当世的贤能为镜就不太容易，总觉得大家都是一样的人，不服输，不服气，所以不容易向活着的人学习。唐太宗就更加难了，因为当世之人全都是他的臣民，肯放下身段与大臣交友，向部下学习，引以为镜，实属罕见。所以，“贞观之治”难以再版。

有人说“畏友”难得，其实是他没有胸怀，人家不愿意同他交心罢了。所以，真正的朋友需要我们去寻找和发现。

唐太宗交了一个朋友，名叫虞世南。学书法的人应该都会知道他，初唐书法四大家之一，和他哥哥虞世基两人，出生在人杰地灵的江南，自幼以聪明著称，号称神童。他俩性格截然不同，命运和结局自然迥异。

虞世南的性格比较内向，他不断地充实自我，几乎读遍天下之书，无所不知，却十分低调，毫不张扬，眼见就是一介文弱书生，没有当官发财的欲望。他哥哥虞世基完全不同，聪明外露，头脑灵活，应对敏捷，文才出众，年纪轻轻就被隋炀帝看中，迅速升迁，到隋炀帝末年，朝廷各类文件都要通过他才能送达隋炀帝，所以，他实际上是隋炀帝之下最有权力的大臣。人们都觉得这对兄弟实在相差太远了。

隋末民变，烽烟四起，声势浩大。隋炀帝亲自率部来到江南，要平定这一带的叛乱，却没想到部下发动政变，自己死在禁军头目宇文化及手里。宇文化及接下来清洗隋炀帝身边的人，尤其是位高权重的大臣，一个一个开刀问斩，虞世基难免一死。就在宇文化及要杀虞世基的时候，突然门口闯进一个人来，谁呢？虞世南。他冲破门口卫兵的阻拦，闯了进来。当时的场面相当恐怖，政变杀人，血雨腥风，谁看了都害怕。这时候竟然有人胆敢冲进来，岂不是找死吗？不错，虞世南就是来找死的。他一直冲到宇文化及面前，执拗地要求替哥哥赴死，只求一命换一命，饶了他哥哥。宇文化及有什么理由杀这个书呆子呢？除了读书，他没有当大官，也没有政治怨债，只能拉出去送回家。虞世基的命没能保住，可是，虞世南临危不惧，舍命救兄的事迹却传遍全国，谁说书生无血性。

血总是热的，虞世南的故事感动了一位素不相识的年轻人——不到二十岁的李世民，也就是后来的唐太宗，此时他正投身于推翻隋朝的起义，正率领唐军在前线作战。这么纯洁高尚的人品，宛如大雪覆盖下的青松，傲然挺拔。李世民从远方给虞世南写了一封颇动真情的信，表达了仰慕之情，希望结交为朋友，作为榜样。

老天成全了唐太宗，唐朝建立以后，他把虞世南请到京城，拜他为师，虚心学习。虞世南天文地理无不精通，唐太宗得其教导，也是博学多才。唐太宗喜爱书法，酷好王羲之，今日山西太原晋祠公园保存着唐太宗手书的《晋祠铭》，已经洗脱了业余爱好者不守法度的奔放，颇有王体神韵，这些方面可以看出虞世南的影响。虞世南的书法老师是智永和尚，乃王羲之七世孙，其撰写的《真草千字文》，是后来学习草书必临之帖，影响远达日本。虞世南得其真传，再转授唐太宗。虞世南的知识有多渊博，由于他为人低调，难以窥知全貌，史上流传的儒家经典自然精通，至于天文地理、观察星象、占卜望气之类学问，他也擅长。古人遇到星象异变、祥瑞灾害等现象，会看作是天意的呈现，地位越高的人越是相信，常常找高人解释。唐太宗执政期间，发生过陇右山崩、江淮大水等灾害，唐太宗首先找虞世南请教“天变”，可知他是此道高人。虞世南一方面替唐太宗预测吉凶，同时也郑重地对唐太宗说，对于这类现象不必过于介怀，只要牢牢记住积德行善，轻徭薄赋，得人心，顺民意，任何灾变都伤害不了，天崩地裂也不用害怕。所以，与其忧心忡忡于灾异，不如致力于把朝政做好，吉人天相，逢凶化吉。

唐太宗接受了虞世南的文德治国思想，政治清明，在许多场合多次论述富民积德的理念，赋役不兴，培根固本，让民生快速富裕起来，成为唐朝治国的黄金时代。唐太宗从十六岁参军打仗，登基之前是一个地道的军人，文化程度不高。但是，从大规模的战争告一段落之后，他设置“十八学士”，拜师学习。有这样一群既是大臣又是老师的高人做朋友，唐太宗的文化水平迅速提高，以至于很少有人知道他登基之初认字不全的情况。唐朝治国高明之处，在于摒弃隋朝急功近利、好大喜功的做法，推行长治久安的治本政策，依法治国，与民休息。一般而言，治本慢而治标易，唐太宗这么做是需要战略定力的，这同他以前作为军事指挥员追求即时性胜利的性格判若两人，这么巨大的转变，是因为与高人交朋友，拜师学习的结果。

在这些老师中，唐太宗最为尊敬的是虞世南。虞世南从外表看，像是弱不胜衣的绵柔之人，沉静寡语，对唐太宗说了什么话，教了什么知识，他从来不说，也没有人知道。所以，很多人误会他就是一般的文化老师。等到他去世的时候，唐太宗亲自为他举哀追思，恸哭悲伤，手书悼词，称赞他身怀五绝：忠谠、友悌、博文、辞藻和书翰；还说虞世南去世，使得宫内文化机构再无人能与自己谈古论今了。虞世南的五绝展现的是士人的风范，人品才学俱佳，无人能比，可见其学识何其渊博。

至于虞世南的品格，如果唐太宗不说出来，恐怕无人知晓。虞世南在公开场合维护唐太宗，等到无外人之时，他会批评唐太宗的过错，哪怕是细小的问题，也犯颜直谏，可知其性格颇为刚烈，绝非软弱。

唐太宗除了有虞世南这位严格的老师，还有一批富有远见的正直之臣，其中魏徵广为人知。魏徵最大的长处是对于国家治理具有远见卓识，把问题看得透，写文章入木三分。他先后给唐太宗写过数以百计的表文，论述优良的政治风气、制度建设、用人之道、政府职能特点、历代治乱的经验教训，乃至具体问题的处理、行政举措的得失，等等，往往能够以小见大，发人深思。把他的这些文章汇总起来，就是一部非常优秀的政治学著作，既有理论，又有实践经验，弥足珍贵。前面介绍过，唐太宗执政之初文化水平不高，许多问题看得并不透彻，就事论事处理问题的毛病时常发生，因此，同魏徵意见相左的情况并不少见。魏徵是一位非常坚持原则的人，和虞世南不同之处在于他敢于犯颜直谏，尤其在决策之时，他会当场同唐太宗争论，坚持己见，不轻易妥协。因此，在朝堂上魏徵和唐太宗的争辩已经是大家司空见惯的事情了。

有一次，他们俩又争了起来，相当激烈，唐太宗觉得很丢面子，实在忍耐不住，怒气冲冲，拂袖而去。回到宫内，没有外人看见，唐太宗大大发了一通火气，信誓旦旦说一定要杀掉那个老农。后宫是皇帝的家，长孙皇后见唐太宗今日早早下朝，自己在那里大发脾气，要杀一个老农，赶忙问他要杀哪个老农？唐太宗狠狠地说："就是魏徵那个老农。"他把今日受的气跟长孙皇后述说一通，讲到魏徵如何与自己争辩，毫不顾及面子，让自己实在下不了台，非常可恨，一定要杀掉他！长孙皇后默默地听完整件事情的经过，什么也没说，静静地回到自己的屋里，让手下把皇后在国家祭祀大典穿的大礼服找出来，郑重穿上。然后，长孙皇后又回来了。唐太宗一看，愣住了，今天是什么日子？为什么皇后换上了大礼服？他赶忙问皇后，皇后告诉他："今天不是什么特别的日子，但是，我特别高兴，所以要郑重穿上礼服来向您祝贺，祝贺咱们国家有忠臣魏徵。"唐太宗是何等聪明的人，被长孙皇后这么一点，马上领悟过来，对魏徵的气顿时烟消云散。此后，魏徵依然经常同唐太宗争论，根本不知道宫内曾发生过的这一幕。

唐太宗的伟大，同他里里外外有一群伟大的朋友密不可分。身边有老师虞世南，朝中有魏徵等正派敢言的大臣，家里有明辨事理的皇后等贤内助。这些人个性不同，但是，他们都以自己的方式竭诚尽力地辅佐唐太宗，共同治理好国家。

长孙皇后是唐太宗一生的好朋友，在很多不起眼的地方起了不可替代的作用，功不可没。长孙皇后出身于贵族家庭，父亲长孙晟是我国古代了不起的谋略家，家教甚好，培育出非常优秀的子女。长孙皇后经历过隋朝的繁华，也参加了波澜壮阔的反隋大起义，她深明大义，深切体会到朝廷大兴土木，不恤民力，铺张奢侈，只求面子和政绩，造成严重的浪费和腐败，其危害有多大。隋朝不是因为积贫积弱而失败的，恰恰相反，是因为横征暴敛、兵强马壮才造成全国性民生破产，最终被万民推翻。所以，长孙皇后非常警惕金钱和权力，对于统治者而言，这两者的诱惑是万劫不复的深渊。在这个问题上，唐太宗与她有着完全相同的看法。唐太宗总结隋朝灭亡的教训，归根结底是高度专制与太过有钱，造成统治者傲视天下，以为资源都在自己手里，再没有什么可以害怕的，做事便不受任何约束，在政治、经济、社会等各个方面都为所欲为，结果大大突破了人民能够承受的限度，社会断裂，造成大崩溃。因此，他们对于耗费民力的工程和军事行动，都慎之又慎。国家的事情好说，如果事情关乎自己会怎么样呢？说别人，讲空话都容易，临到自己头上，便见真情。

长孙皇后最不幸的是寿命不长，唐太宗登基后，仅仅十年就病逝，年仅36岁。她临终前非常担心的事情不是权力，而是奢侈。她知道唐太宗对自己的感情很深，会给她修建高大的陵墓。咸阳的秦始皇陵，是秦始皇生前开建，极尽奢华，在地下构建一个巨大的空间世界，应有尽有，几十万民力，做牛做马。陵墓建成了，秦朝灭亡了。项羽打入关中，一把火把这一切统统烧成虚幻。汉朝在坟墓上面堆出覆斗形封土，工程已经缩小很多，但也要动用数以万计的劳役。唐朝虽然已经进入大治时代，但是老百姓从动乱过来不久，根基未稳，长孙皇后不希望因为给自己修建陵墓而伤害百姓，她拉着唐太宗的手，做了最后的交代，找个山洞，把自己葬在里面。她想得确实细致，既然是山洞，就没有办法再堆土造坟了。她力求节俭的希望，改变了长期以来的陵寝制度，从封土造坟变成了以山为陵，唐朝皇帝都依此修建陵墓。

长孙皇后给了唐太宗许多帮助，一生温良恭俭让，严于律己，与人为善，唐太宗永远感怀她。长孙皇后去世以后，唐太宗直到去世，没有再立新皇后。仅此一事，足以表现出长孙皇后在唐太宗心目中的重要地位。

世上并不是没有敢于直言相劝的真诚的人，为什么有的人有这样的朋友，而许多人始终碰不到呢？最关键的还是在自己，首先要勇于正视自己的不足，真心听取别人的意见，遇到不同意见不是引起抵拒之心，批判反驳，冷嘲热讽，而是仔细思考，认真比较，发现真正精华之处，善听者有胸怀。其次要有行动力，与其坐而论道，不如起而行之，所以古人一直强调知行合一。再次要推功于人，切莫掠人之美，甚至还留下恶言。容人之过，归功于人，宽厚真诚，真正的智者自然出现在你身旁，以心相交，惺惺相惜。第一条最难做到，却最让人感铭。唐太宗登基之初，魏徵力劝他实行仁政，以德治国，与民休息。唐太宗最初不理解，认为治乱世用重典。魏徵告诉他那是最坏的治理手段，种瓜得瓜，种豆得豆，你用什么手段治理，就会得出什么样的国民，“行帝道则帝，行王道则王”。唐太宗听进去了，力排众议，坚定实行德政，短短数年，天下大治。唐太宗非常高兴，大会群臣说道：“能够取得今日的成就，是因为当初听了魏徵的话。世上本无玉，玉来自石头，是魏徵这位能工巧匠把我打磨成玉。”有这样的皇帝，魏徵能不竭诚尽力吗？

那么，什么样的朋友最值得结交呢？

朱熹提出交“畏友”，去“佞人”，而孔子说得更丰富，他教导学生道：

> 益者三友，损者三友：友直，友谅，友多闻，益矣；友便辟，友善柔，友便佞，损矣。

用今天的话说，就是有益的朋友有三种，有害的朋友有三种。正直、诚信、知识广博的朋友，是有益的。谄媚逢迎、表面奉承而背后诽谤人、善于花言巧语、揭人之短甚至制造谣言搬弄是非的朋友，是有害的。

孔子提出的交友原则，一看就能明白。但是，要做到就很难了。因为人有很大的弱点，就是喜欢听好话、和自己想法相同的话，不喜欢听与自己意见相左甚至是反对的话；喜欢做轻松的、引起感官愉悦的事，不喜欢做克制自己欲望、严格自律的事情。实际上，在许多时候，人们并不是完全不知道是非善恶，而是以为无伤大雅而有意放纵自己，久而久之，倒是真正自己麻痹了自己，富而倦怠，乐而思淫，精明变得糊涂，放松警惕，暮气一生，身边很快就被“损友”包围了。

◎唐太宗交友

识人之明：义利分途

盛德者，其心和平，见人皆可交；德薄者，见人皆可鄙。观人者，看其口中所许可者多，则知其德之厚矣；看其人口中所未满者多，则知其德之薄矣。

——［清］唐彪《人生必读书》

很有德行的人，他的心是平和的，同什么人都能交往；没有多少德行的人，看别人都觉得可鄙。所以，看一个人，如果他口中称赞的人多，就说明他很有德行。看他批评的人多，就知道他没有什么德行。

识人择友是人生中非常重要的事情，交上一个好朋友，终生受益，识人不明，受害不浅。识人是一件十分困难的事情，该如何辨识人呢？清朝的唐彪提出一个观察的角度，那就是看他如何评论别人。能不能心平气和地看待别人、客观地评价自己，反映出来的往往是这个人的品德与学识修养。

人在年轻的时候，往往会过高评价自己，过低评价别人，拿自己的长处和别人的短处做比较，评头论足，津津乐道。那是因为年轻气盛，知识学养不足的缘故。如果过了年少轻狂的年纪，依然如此，就是修养的问题。一个人怎样评论别人，反映的是自己的品性。所以，评论别人其实是在评论自己。言语尖刻，偏激苛责，不是理性的讨论，而是讽刺讥笑，反映出评论者本人的刻薄。这种人不厚道，难以成为长久的好朋友。

随着知识的增长，阅历的丰富，特别是个人修养的提高，就会真正感觉到个人的渺小，在浩瀚的知识海洋中，每个人所知道的东西实在是少得可怜。随着眼界的开阔，理应逐渐去掉身上的狂妄与傲慢之气，客观地看待别人和自己。评价自己和别人，有两个重要的方面，首先，“人贵有自知之明”，要懂得清楚地看待自己，尤其是要清楚自己的不足，才能明白努力的方向，不断提高自己。其次，要多看别人身上的优点，每个人身上都有闪亮的方面，有他的特长，孔子说：“三人行，必有我师”，善于发现别人的长处，见贤思齐，自己获益良多，一生都有好朋友。

近代有位著名学者叫熊十力，研究佛教，学问渊博，名气很大，不少人想跟他学习。有一天，一个年轻人来到他面前，讨教学问。他在熊十力面前高谈阔论，讲述自己的见闻、读的书，学到的知识，头头是道，禁不住夸耀自己学问渊博，学识不凡，转而批评当代佛教研究者，见识鄙陋，视野短浅。他越讲越开心，手舞足蹈，扬扬得意。讲了那么多，他其实就是背功好，多背了几本书，记住了别人思想的火花，支离破碎，不成系统，夸大其词，或者攻其一点不及其余，这样的人大多是知识结构不完整又喜欢自我表现，读书时心不静，杂念太多。熊十力越听越讨厌，实在忍不住，把桌子一拍，大喝道："你难道不能静下心读一点书吗？难道不能读出作者的深意和优点吗？你还没读懂就随便批评，这是在读书吗？"气愤的熊十力直接把这个年轻人赶走，这种人难以调教，因为从他身上看到的只是浅薄。

刻薄自私之人，不可为友。问题在于如何识人？古人对此非常重视，做了很多探索与总结。例如秦国宰相吕不韦所编《吕氏春秋》专门有一篇讨论识人，提出了八个观察的角度：顺境时礼遇哪些人，显贵时推荐什么人，富有时养什么门客，听取意见后采纳哪些内容，无事时有什么爱好，放松时讲哪些东西，贫穷时不接受什么，卑贱时不做什么事情。这些考察点，几乎涵盖了一个人生活的各个方面，相当仔细。可是，对于许多人来说是做不到的。生搬硬套是不行的，我们却能够从中获得启发。

第一条，不要光看别人如何对待自己。如果交朋友采取实用主义的态度，那会十分在意人家如何待你。例如历史上的曹操，他不在乎什么样的人，关键是对自己有用就好。所以，他提出了"唯才是举"的用人原则，人品不重要，为我所用即可。这条用人原则给自己，也给后世造成很大的破坏。

孟子讲过一个故事，说逢蒙找到后羿，想跟他学习射箭。后羿看他有天分、有才能，便把所有的本事都传授给他。逢蒙学成之后，暗忖道：后羿箭法天下无双，我杀了他，就无人可敌了。于是，逢蒙找了一个机会，乘其不备一箭射死后羿。孟子认为在这件事情上，后羿也要承担一定的责任，那就是选才不当。逢蒙当初跟后羿学射箭，无非是想利用后羿。在物欲横流的社会，这类情况屡见不鲜，有些人选老师，并不是从学习本身考虑，而是看老师的利用价值，有官有势的当然成为首选。一旦发现更具权势的人物出现，立刻抛弃原来的老师和专业，改换门庭，成天寻思怎样不择手段飞黄腾达，心不静，学习也难有真正的成就。而且，为了达到个人的目的，不惜诽谤排挤周围的人，一路走来，怨声载道。所以，古人选才，首重其德。识人之明，尤其重要。这种情况在社会上也相当普遍，选择工作不是看是否适合自己，而是奔着工资而去，哪里薪酬高就跳槽到哪里，诸如此类，不一而足。

对于有权有势的人来说，识人就更难了。因为你有金钱权力、名利地位，处境越好，想跟你交朋友的人就越多，到处都想跟你搭关系，前呼后拥。如果你以为朋友遍天下，那是见识不够。这些人看中你什么呢？无非是你手中的金钱权力，或者名望罢了，所以带着功利的目的来套近乎，为自己获利，鞍前马后，处处显露自己的忠心与勤快，把自己的缺点掩饰得严严实实；他们还善于拿自己的优点对照同事的短处，巧妙地排挤他人，用心计，耍手段，把要巴结的人给哄得晕晕乎乎，从而获得信任。最后，当关键时刻到来时，大概就要吃这种人的亏，而且，往往是致命的。这就是识人之难。但是，人的品行往往在不经意的小地方暴露出来，所以，古人教我们看人，要脱离自我中心，拉开距离，注重关乎品质的细节。

第二条，看他如何对待别人，尤其是如何对待比自己身份地位、权力财产更低的人，怎么对待亲人和朋友。如果对待低于自己的人趾高气扬，盛气凌人，不把人当人待；对待有权有势者则低眉顺目，讲的都是甜言蜜语，那么，就应该知道此人相当功利。至于瞒上欺下，卖友求荣，人前说人话，鬼前说鬼话的更不会是有德之人。

功利且有才干的人，往往得到上级的喜欢，因为他能做事，有绩效。隋炀帝就喜欢用这样的人，所以重用了虞世基，也就是前面介绍的虞世南的哥哥。隋和唐两个政权，分别用了这对性格截然不同的兄弟，而两个王朝的命运也完全不同，恰成对照，发人深思。

虞世基从小也是个神童，聪明伶俐，读书多，学问好，头脑灵活多变，和弟弟虞世南的差别在哪里呢？虞世南读书是要明道，也就是要探求根本的道理、基本的规则。虞世基读书是要求术，也就是做事的技巧、治人的手段。从读书明理的高层境界来看，凡是求术之人，皆可以归入不读书这一类，哪怕他们手不释卷。因为他们不是为了弄清事情的根本道理，而是要学一些实用性的手段，可以活学活用，立竿见影。虞世基的才干流露在外，很快就被隋炀帝看中了。

隋炀帝是一个喜欢玩手段的人，和虞世基同属一类。于是，虞世基很快被提上来，因为他办事特别合乎隋炀帝的心意，所以很快成为心腹，不离左右。虞世基的特长是善于揣摩人主之意，承风顺旨。隋炀帝好大喜功，爱听政绩，讨厌听到相反的情况。年年重税，工程兵役繁重，老百姓早就不堪承受，揭竿而起，全国到处都是反抗的消息。下面把情况报上来，隋炀帝看了很不高兴，问道：“果真有那么多造反的事情吗？”这一句问话，虞世基就知道隋炀帝不想听，于是就把造反的报告统统压下，不再上呈，然后把地方上平叛的胜利消息送上来，隋炀帝看见的是到处捷报频传，天下太平，龙颜大喜。很多统治者都是自欺欺人，耳根清净即是天下太平。隋末动乱造成不可收拾的后果，虞世基负有很大的责任。

纸包住火，是要有些技巧的。有一个官员从京城送情报过来，途中已经被起义军切断，他化装易容，历尽艰险来到江都，面见隋炀帝，禀报危险的局势。隋炀帝天天看到的是捷报，听到这个消息，把脸沉了下来。虞世基一看隋炀帝的脸色，就知道他不想听。马上想到好主意，能够让隋炀帝继续高兴下去。虞世基缓缓说道："来人说京城到此的道路都被切断，他是如何冲破艰难险阻而来的。这条路有千余里长，恐怕不太真实吧，不如我们来试验一下他的报告是否可靠。从江都到东阳这条路已经被江南叛军切断了，我们派他去东阳传达命令，如果他能够送达，说明他从京城过来的报告是真实的，如果连这么近的东阳都到不了，不就说明他前面说的全是撒谎吗？"真是好主意，隋炀帝觉得有理，派这位官员去送信，才出城不远，就被义军逮到。其道理非常简单，这位官员是北方人，在北方可以蒙混过关，到了南方就不灵了，一说话就暴露身份，被捉住杀掉。这就证明他真的撒谎，北方没有大事，隋炀帝可以继续高枕无忧。

虞世基倒不见得特别坏，恶意瞒报。他只是一门心思迎合隋炀帝，保全自己。这也是所有专制政权的必然结果，不让人讲真话，官员不负责任，只管自己的乌纱帽。交这样的朋友，有这种部下，岂能不误事。

结交正派、正直和博学多闻的朋友，一生受益无穷。孔子区分君子和小人：君子行事根据道德原则，小人根据利己原则，两者相去甚远。孔子从各个角度做过比较，例如：

君子周而不比，小人比而不周。(《论语·为政第二》)

君子喻于义，小人喻于利。(《论语·里仁第四》)

君子和而不同，小人同而不和。(《论语·子路第十三》)

君子泰而不骄，小人骄而不泰。(《论语·子路第十三》)

君子公正而不偏袒，小人结党营私而不公正；君子坚持天下公认的道德善恶原则，不为利所动，小人见利忘义，抛弃原则；君子和谐相处却思想自由，坚持自己的立场，小人以利益相勾结，却钩心斗角；君子处事泰然自若却不骄矜，小人张狂却不自在。两相对比，实在是两种人。最后一句话很重要，别看小人张牙舞爪，其实，因为其所作所为违背社会道德，不免心虚，所以，他们一定要结交同伙，形成小帮派，共同为恶，互相壮胆。如果不同他们搞在一起，就将遭到排挤打击，更不要说与他们形成鲜明对照的君子。

淡泊之人，必定被矫饰者怀疑；检点之人，大多遭到放肆者忌刻。怎么办呢？要相信，大家心中有杆秤，哪个有水平，哪个工于心计，总会看清楚的，公道自在人心。所以，小人从来走不远。几千年过去，人类社会的主流仍然是正义战胜邪恶。

《菜根谭》指出君子为小人所忌的现象，给君子忠告：首先，千万不要因为吃了亏而改变自己的志向情操，牺牲自己的声誉事业，混迹小人堆里，那就太不值得了。君子坦荡荡，相信清者自清，浊者自浊，日久终见人心。其次，自己也要更加严格要求自己，不要锋芒太露，对小人敬而远之，也不必惧怕。

辨识君子和小人，和君子相交，“君子成人之美，不成人之恶”，君子助人为乐，哪怕不能提供具体的支持，也给人送去温暖或者鼓舞，积善成德。所以家训告诉我们，“与善人居，如入芝兰之室，久而自芳也”(《颜氏家训》)。

孔子认为君子要做到：仁者不忧、智者不惑、勇者不惧。